UI

交互设计
与开发实战

吕云翔 杨婧玥 等编著

机械工业出版社
CHINA MACHINE PRESS

用户界面在当下的网络世界中无处不在，是人与计算机进行交流的窗口。本书从软件工程的角度出发，以软件周期开发模型为参考，深入讲解了用户界面设计中各环节的具体内容，并以丰富的图片案例形式介绍用户界面设计如何将交互体验与视觉美观融为一体，也使用了大量可读代码展示用户界面是如何实现的。本书分为三部分：第一部分（第 1 章）主要介绍用户界面历史及界面设计的相关概念，阐述软件开发与界面设计之间的关系；第二部分（第 2 ~ 8 章）从软件工程角度论述用户界面设计，详细介绍了用户界面设计中各环节的概念和具体操作方法；第三部分（第 9、10 章）主要通过实例讲述界面控件以及界面的设计与实现。

本书既可作为 UI 视觉/网页/移动产品设计等界面设计相关工作的设计师的案头指南，也可作为大中专院校多媒体、动画、动漫、软件等相关专业的培训教程/教材，还可作为界面设计爱好者的学习手册。

图书在版编目（CIP）数据

UI 交互设计与开发实战/吕云翔等编著 . —北京：机械工业出版社，2020. 3
ISBN 978-7-111-65156-7

Ⅰ.①U… Ⅱ.①吕… Ⅲ.①人机界面-程序设计 Ⅳ.①TP311. 1

中国版本图书馆 CIP 数据核字（2020）第 049154 号

机械工业出版社（北京市百万庄大街 22 号　邮政编码 100037）
策划编辑：丁　伦　责任编辑：丁　伦
责任校对：徐红语　责任印制：张　博
北京铭成印刷有限公司印刷
2020 年 6 月第 1 版第 1 次印刷
185mm×260mm · 14. 5 印张·359 千字
标准书号：ISBN 978-7-111-65156-7
定价：89. 90 元（附赠海量资源）

电话服务　　　　　　　　网络服务
客服电话：010-88361066　机　工　官　网：www. cmpbook. com
　　　　　010-88379833　机　工　官　博：weibo. com/cmp1952
　　　　　010-68326294　金　书　网：www. golden-book. com
封底无防伪标均为盗版　机工教育服务网：www. cmpedu. com

随着计算机行业和互联网的迅速发展以及应用领域的拓宽，用户界面在生活中无处不在，并且用户界面设计逐渐成为当前互联网相关行业的热门专业。用户界面是系统中不可缺少的部分，为人与计算机系统进行消息交换提供了媒介。用户界面设计是指为用户提供人机交互的可视化界面，在用户界面设计中，需要提取用户需求，针对需求进行分析，设计出合理美观并且操作简便的界面。用户界面设计是一门集人机工程学、认知心理学、人机交互原理学和设计艺术原理于一身的综合性学科。

本书共10章，从用户界面设计的基本知识出发，首先阐述用户界面设计中所涉及的生命周期和活动，再通过详细的例子介绍 Axure RP 原型设计软件的使用以及界面中各个控件的设计与实现，最后从软件开发和软件工程角度以网页端、移动端和 PC 端案例来讲述界面设计从设计到实现的过程。全书具体内容如下。

第1章主要介绍什么是用户界面设计以及用户界面设计的主要研究内容和发展历史，向读者详细介绍了用户界面的基础知识。

第2章先通过介绍界面设计在软件开发过程中的作用来说明界面设计对软件系统的重要性，再介绍界面设计与软件工程关系和软件工程活动的关系。

第3章主要介绍界面设计中的目标及原则。首先介绍界面设计中的可行性目标及度量的标准，再介绍设计中的认知过程，最后从移动端、PC 端和网页端三个方面来阐述界面设计的原则。

第4章主要介绍界面设计中的交互设备。首先介绍输入设备，再介绍输出设备，最后介绍三维辅助设备。

第5章主要介绍界面设计与软件开发的生命周期，首先介绍软件开发的生命周期模型，如瀑布模型、螺旋模型等，再根据软件开发的生命周期模型介绍界面设计的生命周期模型，两者有相似之处，软件开发的生命周期包含界面设计的生命周期。

第6章主要阐述在界面设计生命周期过程中涉及的活动，首先讲述用户需求的获取，介绍需求获取的方法和原则，强调在需求获取过程中最重要的是理解用户。再讲述根据提取的需求进行界面设计任务的分析，介绍分析的步骤和方法，根据任务分析的结果，确定系统信息流的结构。在这些前期活动的基础上，再介绍图形界面设计，随后介绍图形界面的测试，最后介绍可用性检验的标准。在这五项活动中，前一项活动的输出是下一项活动的输入。

第7章主要介绍常用于原型设计的交互式设计工具 Axure RP 的具体应用，对该工具的工作环境和每个常用控件都进行了详解，最后通过一个原型设计实例来展示 Axure RP 的实际运行过程。

第8章主要介绍界面设计中涉及的窗口、菜单、对话框、控件、导航和布局的设计与实现。以网页端和移动端为例，详细讲述这些控件在移动端如何设计，再对每个控件的实现给出具体的实例及详细代码。

第9章以 Python 语言为例，从软件开发角度阐述了如何使用 Tkinter 进行 GUI 编程。

　　第 10 章以软件工程开发生命周期为角度，展示了网页端、移动端和 PC 端不同平台的界面设计案例。每个案例都从系统需求分析、功能模块设计、界面结构设计和界面实现四个方面来进行阐述。

　　本书的主要特点如下。

　　（1）知识点涵盖面广：本书主要针对界面设计的爱好者，以及计算机相关专业的高校学生，知识点涵盖了界面设计的发展历史、研究内容、基本概念、界面设计与软件工程的关系，界面设计中的基本活动及生命周期等，也详细讲解了界面设计中每个控件的设计与实现方法。

　　（2）理论结合实践：本书通过具体实例的形式讲授知识点，不局限于枯燥的理论介绍。实践对于用户界面设计学习而言是强化和提升学习效果的必由之途，否则无异于"入宝山而空返"。读者可通过仿照书中实例自己编写小型应用进行练习。

　　（3）代码实例丰富：本书在讲解理论知识的基础上，对每一个界面设计涉及的内容都有详细的代码实例，不仅仅局限于怎么设计，也强调了怎么实现。

　　本书主要由吕云翔、杨婧玥编写完成，曾洪立参与部分内容的写作并参与了部分材料的制作。

　　因笔者水平有限，书中难免有疏漏和不足之处，敬请广大读者和专家批评指正。

编　者

Contents
目 录

10

第 1 章

绪　　论

　　在软件开发过程中，用户界面设计是非常重要的环节，本章着重介绍用户界面设计的基本概念、主要的研究内容和界面设计的发展历史。

1.1 什么是用户界面设计

在探讨什么是用户界面设计时，需要先明白什么是用户界面，本节首先介绍用户界面的概念，再根据用户界面的含义解释什么是用户界面设计。

1.1.1 初识用户界面

用户界面（User Interface，UI），是人与计算机系统进行交互的媒介，为用户使用计算机提供了综合环境。目前对于用户界面的定义比较广泛，不仅仅包含人与机器交互的图形用户接口，广义来说用户界面是用户和系统进行交互方法的集合，这些系统不是单指计算机程序，还包括某种特定的机器、设备、复杂的工具等。用户界面可以看作是代表一种人与计算机面对面的信息交流方式，其形成来源于人造物的自身属性，即人造物存在的目的是为了满足人类的某种需求，需求的实现必须通过使用才能得到体现。

用户界面是用户和系统进行交互方法的集合，也是计算机系统中实现用户与计算机信息交换的软件和硬件部分，所以用户界面分为硬件界面和软件界面。其中硬件界面主要指用户使用产品时直接接触到的硬件设备，如鼠标、键盘、操作面板、手柄等，硬件界面又称为实体用户界面（Solid User Interface，SUI）；软件界面（Human Computer Interface，HCI）主要是指用户和计算机直接进行信息交流的界面，如 Windows 窗体界面、手机界面、网页界面等。用户界面目的在于使用户能方便有效率地操作计算机系统，以达成双向交互。

本书所提到的用户界面单指软件界面。图 1-1 为硬件界面，图 1-2 为软件界面。

图 1-1　硬件界面

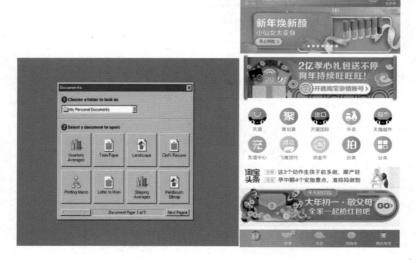

图 1-2　软件界面

1.1.2　走进用户界面设计

用户界面设计主要是通过协调界面上各个部分构件和操作逻辑，优化和简化用户与系统交流的过程和步骤，在满足用户需求前提下，提高用户使用计算机效率的系统性设计。按照界面所在的终端来分类，用户界面设计可分为移动 UI 设计、网页 UI 设计和窗口 UI 设计等；按照界面设计的工作流程来分类，用户界面设计包括用户研究（结构设计）、交互设计和界面设计三个部分。

用户研究指在开展用户界面设计之前，通过沟通、问卷等方式对用户的需求进行研究，了解界面目标用户的日常流程、环境以及使用习惯，挖掘出用户的潜在需求，站在用户的角度完成界面的设计和实现。界面的设计要以用户为出发点，提高界面设计的可用性和易用性，使设计的产品更容易被接受和使用。界面设计的终点要回归到用户，产品发布后要继续进行用户研究，收集用户的使用反馈，对不合理的交互和界面设计进行简化和优化，让界面的质量在用户需求的基础上不断提高。

交互设计是指人与系统之间的交互工程，定义了人与计算机系统交互之间的内容和结构，达到信息交互的目的。交互设计师的工作内容就是设计整个用户界面的交互流程，包括定义信息架构和操作流程、组织界面的元素以及使用交互式设计工具进行原型制作。交互设计的目的在于提高产品的易用性，让用户能快速、准确地进行相应的操作。

界面设计是指软件产品的"外形"设计，是目前国内大部分 UI 工作者从事的工作。主要内容是根据用户的需求和交互设计框架，运用美学、用户心理学等设计出美观且方便使用的用户界面。界面设计需要将用户研究报告和交互设计成果作为输入，让界面设计不脱离产品初衷，提高产品的实用性，通过结合美学和心理学，提高产品的美观度和接受度。

用户界面设计是一个有不同学科参与的复杂工程，用户心理学、美学和人机工程学等在其中都有着举足轻重的地位。用户界面设计有以下特点。

- 典型的人机互动：设计与用户紧密相关，用户的反馈是界面设计的重要部分。
- 手段的多样性：计算机能力的加强带来了人机交互方式的多样性。
- 紧密的技术相关性：新产品的出现会刺激新界面的产生，界面设计随着新技术的不断发展完善自身。

1.2　用户界面设计研究内容

用户界面设计涉及人机工程学、用户心理学和交互学等多门学科，其研究的内容是以人机学和心理学为基础建立用户模型作为界面设计的基础和依据，再结合交互性原理和设计艺术学设计出符合用户使用目的、心理特征和审美的界面。

1.2.1　人机工程学原理

人机工程学是从人的体能和系统工程角度出发，研究人机关系的学科。它是人机界面学初期发展阶段的主要研究内容，并对人机界面学以后的发展产生了重大影响。人机工程学着重研究以下内容。

- 人与机器之间的分工与配合，包括机器如何能够更适合人的操作和使用，从而提高人的工作效率,减轻人的劳动强度。

- 系统的工作环境对于人操作的影响,如何让操作者在舒适安全的环境中工作。
- 人机之间的信息传递和交互,人通过控制器向机器输入信息,机器通过显示器等方式向操作者展示命令的运行成果。

在用户界面设计中,研究人机学原理,探索界面设计与人的心理特性,尤其是人的认知以及生活习惯的关系,掌握人机操作中人类动作合理性和身体舒适性的关键点,了解人体感知中对于界面的视觉合理性和舒适性,使得人机交互过程中操作者与系统能高效地完成信息传递,达到最优的工作状态。人与界面的交互如图1-3所示。

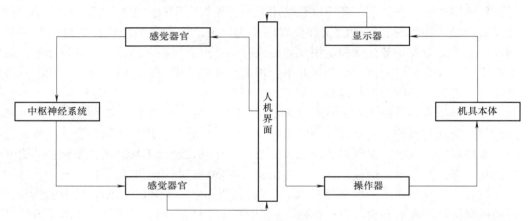

图1-3 人与界面的交互

用户界面是人与计算机系统进行消息交互的载体,图形化的用户界面通过各式各样的控件刺激操作者的感觉器官,操作者根据界面传递的信息使用鼠标、键盘等硬件设备向计算机传递命令消息,用户界面收到消息后通过操作器将消息传递给计算机系统本体,计算机系统经过一系列操作,将结果通过显示器显示在界面上,达到人机互动的目的。

1.2.2 认知心理学

对于刚刚接触一款软件的新用户而言,面对界面中各式各样的图案和花样繁多的交互控件,要想在短时间内熟悉界面的各项操作,需要在该界面设计时考虑到人的知觉、认知特性和操作过程。所以用户界面设计必定涉及人的认知心理,研究认知心理学,以此为用户界面设计的依据,将机器语言设计成人类易接受的图案和语言符号,并符合人类的审美和操作习惯,才能让一个新用户能快速熟悉界面操作,方便实现系统的功能。

认知心理学是研究人类认知心理的学科,这里所研究的人不单单是人的生理特征,还有人的社会属性,所以认知心理学既研究生理、心理和环境等对人的影响,也研究人的文化、审美和价值观等方面的要求和变化。认知心理学是以信息加工的方法来研究人的认知过程,比如人是如何通过听觉、视觉和触觉来接受和理解外界的信息,以及人的大脑是如何进行记忆、联想和推理等各种心理活动与认知过程,这样的认知过程是用户界面设计师所要关注和了解的基础,将认知心理学运用到界面设计中,提高用户对界面和系统的友好程度,增强人与系统的自然交流,使得整个界面和系统更加亲切、和谐。

研究认知心理学，我们应该从"以人为本"的角度进行用户界面设计。不同的人对计算机使用的熟悉程度不同，有刚刚接触计算机的新手，也有经常使用计算机的专业用户；不同工作领域的人对计算机的使用要求和功能也不同，所以在"以人为本"的基础上，要针对不同用户群体进行用户设计调查，使得设计者对用户的认知行为规律有所了解。用户设计调查的内容包括：通过用户操作界面后的反馈，了解该界面的设计是否符合用户的思维行为方式；是否符合用户的使用意图和认知心理；界面的操作是否简单易学、不易出错；用户使用界面时是否感到生理状况不适和精神压力大。通过用户设计调查获得的信息建立用户模型，描述用户的操作特征，这些特征包括了用户操作行动过程的特征和操作心理因素特征。用户模型是用户界面设计的基本依据、主要思想和评价标准。

1.2.3 交互性原理

随着计算机技术的不断发展，人与计算机的交互方式、交互技术和交互设备越来越多，根据用户对界面的功能需求、用户的职业习惯等，选取适合的交互设备、交互方式和交互软件至关重要。所以用户界面设计必定涉及交互性原理的研究。

交互性原理包括交互方式、交互技术、交互设备和交互软件等，其中交互方式确定了使用什么样的交互技术和交互设备。在确定用户模型后，以用户功能需求为依据，选取合适的交互技术和交互设备，由交互软件把整个交互过程串联起来。研究交互性原理主要是解决人机交互中信息的交流问题，具有人机参与性和互动性。

1.2.4 设计艺术学原理

用户界面设计除了要在功能上满足用户需求以外，还要考虑到用户的情感需求，界面颜色、布局等方面都需要满足用户视觉审美、认知和使用习惯等。用户界面设计不仅仅是一门技术，更是一门艺术，一个好的用户界面设计，在满足需求的同时，用户还可以从中享受到美，欣赏到美。所以用户界面设计与设计美学原理、符号学原理、色彩学原理都息息相关。

目前市面上已经有很多可以直接借鉴和使用的界面设计形式和模板，由于它们的质量和功能各不相同，再加上系统需求和软硬件条件的约束，这些界面设计形式没法达到通用的状态。所以研究设计美学原理，要从构成"美"的原则和"美"的内容出发，将"美"与"技术"相结合，消除仅靠程序员主观想象而设计的界面所产生的乏味性。重视美学在界面设计中的指导地位，消除用户在使用界面时的无聊、紧张和疲劳感，提高界面在用户群体中的美感和亲切感。

用户界面符号化是对人们习惯和经验的总结，研究符号学，主要是研究符号的构成、表达方式和交流方式，解决界面设计中图形符号信息的传达和识别。用户界面中的符号包括了听觉符号、视觉符号和触觉符号，这三类符号是相互关联并共同协助用户更好地使用操作界面，如图1-4所示。因此，以符号学原理为参考进行界面设计，从视觉、听觉和触觉三个方面考虑界面中所要使用到的符号，有利于加强人与计算机系统的交流。

用户界面设计除了涉及布局和符号以外，还涉及色彩的搭配。从用户对色彩的视觉和心理效果出发，基于用户对色彩的认知，结合软件系统的功能和特点，研究色彩学原理，利用色彩在空间、量与质的可变化性进行色彩的组合，创造出满足用户审美的色彩效果，设计出富有美感的用户界面。

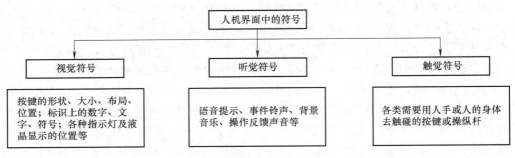

图 1-4　人机界面设计中的符号

1.3 用户界面设计发展历史

计算机技术的蓬勃发展，引起了软件用户界面的发展，目前用户界面是计算机科学当中最年轻的研究领域之一，也是数字化普及所带来的巨大贡献。计算机人机界面从产生发展至今约半个世纪的时间，经历了巨大的变化。软件用户界面的发展经历了命令行用户界面和图形用户界面、多媒体用户界面、多通道用户界面和虚拟现实人机界面几个阶段。

1.3.1 命令行用户界面

命令行界面是最早出现的人机用户界面。在 1963 年，美国麻省理工学院开发了分时终端，并最早使用了文本编辑程序。交互终端可以把输入和输出信息显示在屏幕上，分时系统使用户可以分时共享计算机系统资源。命令行形式的对话终端是 20 世纪 70 年代到 80 年代的主流用户界面。

在命令行界面中，人与界面的交互方式只能是单纯地命令和询问，人通过键盘输入命令信息，界面的输出信息也是一行简单的静态单一字符。在这样的交互方式中，计算机是被动的，用户也被单纯地看作计算机的操作者。在这样的交互界面中，要求计算机操作者熟练掌握各种命令，这需要操作者有一定的专业性和较强的记忆力，并且这样的交互界面容易出错，交互的自然性和效率都较低。虽然如此，现在的计算机里依旧带有终端界面，用户也可以根据自己的喜好调出命令行终端进行交互。命令行界面如图 1-5 和图 1-6 所示。

```
Last login: Fri Aug  4 16:14:58 on ttys000
yangjingyuedeMacBook-Pro:~ yangjingyue$ java
用法: java [-options] class [args...]
          (执行类)
   或  java [-options] -jar jarfile [args...]
          (执行 jar 文件)
其中选项包括:
   -d32          使用 32 位数据模型 (如果可用)
   -d64          使用 64 位数据模型 (如果可用)
   -server       选择 "server" VM
                 默认 VM 是 server,
                 因为您是在服务器类计算机上运行。


   -cp <目录和 zip/jar 文件的类搜索路径>
   -classpath <目录和 zip/jar 文件的类搜索路径>
                 用 : 分隔的目录, JAR 档案
                 和 ZIP 档案列表, 用于搜索类文件。
   -D<名称>=<值>
                 设置系统属性
   -verbose:[class|gc|jni]
                 启用详细输出
   -version      输出产品版本并退出
   -version:<值 >
```

图 1-5　Mac 命令行用户界面

图 1-6　Windows 命令行用户界面

1.3.2　图形用户界面

随着大规模集成电路的发展，高分辨率显示设备和鼠标等硬件设备的出现，以及计算机图形学、软件工程和窗口系统等软件技术的迅猛发展，使得 20 世纪 80 年代的用户界面进入了图形界面的新阶段。

1973 年，施乐公司研发完成了第一台使用 Alto 操作系统的计算机，Alto 是第一个具备了所有现代图形用户界面基本元素特征的操作系统，三键的鼠标、位图的显示器和图形窗口的运用奠定了图形用户界面的基础。随后施乐公司发布了 8010（Star）作为 Alto 的替代产品。相比于 Alto 增加了可双击的图标、可重叠的窗口、对话栏以及分辨率达到 1024×768 的单色显示器。同时期 Vision 公司发布的 Vision 是第一款使用完整图形界面并针对 IBM 个人计算机环境的电子图标软件，首先将"视窗"和鼠标概念引入个人计算机。在计算机出现的半个世纪里，图形用户界面不断发展和完善，逐步取代了命令行用户界面，在图形界面中比较成熟的商品化系统有苹果公司的 Macintosh、IBM 的 PM（Presentation Manager）、Microsoft 的 Windows 和运行于 Unix 环境的 X-Window 等，图 1-7 为 Xerox Alto 和苹果公司的 Macintosh。

图 1-7　Xerox Alto（左）和苹果公司 Macintosh（右）

图形用户界面也被称为 WIMP 界面，是第二代人机界面，WIMP 即窗口（Window）、图标（Icon）、菜单（Menu）和指示器（Pointing Device）四位一体形成桌面。窗口是界面中的主要交互部分，包括菜单栏、工具栏等，图形界面刚刚发展的时候通常是矩形，现在为了界面更加富有艺术性，会有一些不规则的形状；图标是用于标识某些信息的图像标志，具有一定的专业性，如最小化、关闭窗口等图标，第一次接触图形界面的人需要熟悉和学习图标的含义；菜单是界面提供给用户的动作命令集合，通过窗口来显示，常见的有下拉菜单、级联式菜单等；指示器在界面上显示的是一个图形，用于用户控制设备（鼠标等）输入到界面位置的可视化，如大部分图形用户界面的鼠标表示为一个小箭头。图形用户界面的出现，大大提高了人与计算机交互的效率。

1.3.3 多媒体用户界面

随着多媒体技术的迅速发展，在原来静态的图形用户界面中引入了动画、音频和视频等动态媒体，形成了多媒体用户界面。由于多媒体技术的引入，用户界面的输出从静态的图形变成了动态的二维图形，尤其是音频和视频的加入，大大丰富了界面的信息表现形式，也增加了用户对信息表现形式的选择，大幅度提高了用户对计算机的控制能力以及对信息的处理能力。多媒体技术让人机交互不再是单纯地输入命令和打印结果，多媒体技术赋予图形用户界面动起来的生命，实现人与计算机更深层次的交流。

实际上，多媒体用户界面可以看作是 WIMP 界面的另一种风格，只是计算机信息的表现方式变得多种，通过多媒体技术拓宽的是计算机到用户的输出带宽，但用户到计算机输入带宽并没有得到拓宽，用户对于信息的输入依旧是鼠标、键盘等常规的输入设备，输入和输出表现出了不平衡的状态，多通道用户界面的出现使用户界面能支持时变媒体实现三维，为输入输出不平衡问题的解决带来希望，图 1-8 ~ 1-10 为多媒体用户界面。

图 1-8　多媒体用户界面 a

图 1-9　多媒体用户界面 b

图 1-10　多媒体用户界面 c

1.3.4　多通道用户界面

20 世纪 80 年代后期以来，多通道用户界面成为用户交互界面技术研究的新领域。多通道用户界面，顾名思义，是允许用户通过多个通道与计算机进行通信的人机交互界面，其中多通道包括视觉、听觉、触觉、语言、手势和表情等，都可作为计算机系统的输入。如现在的语音搜索 App 界面、人脸识别解锁界面都属于多通道用户界面。

在多通道用户界面中，采用更多倾向于人类的交互方式和设备，方便用户利用多通道自然、高效地与计算机进行通信，拓宽了用户到计算机的输入带宽，解决了用户界面中输入和输出不平衡的问题。多通道用户界面主要研究眼动跟踪、手势识别、语音识别、表情识别、三维交互和自然语言理解等技术。

多通道用户界面与多媒体用户界面的结合，大幅度提高了人机交互的自然性和准确性。多通道用户界面主要研究用户对计算机输入信息的方式和计算机对信息的理解，多媒体用户界面主要研究计算机对用户输出信息的方式和效率。两者结合使得用户能够用更加自然和日常的语言动作进行信息的输入，计算机也能够用更加丰富的输出方式让用户理解输出信息，使得信息的交互吞吐量得到了提升。人脸识别用户界面如图 1-11 所示。语音识别用户界面如图 1-12 所示。iPad 的用户界面可以识别手势，如图 1-13 所示。

图 1-11　人脸识别用户界面

图 1-12　语音识别界面

图 1-13　iPad 界面

1.3.5　虚拟现实人机界面

在计算机发展的历程中，虽然出现的多媒体和多通道用户界面使人机交互更加自然和方便，人们还是不满足，进一步希望能"身临其境"，通过视觉、听觉和触觉等感觉来与系统交互，所以出现了虚拟现实人机界面。

虚拟现实是将用户放置于一个完全人工的环境当中，通过虚拟现实设备，如头盔显示器、手柄等让用户有"身临其境"的感觉。在虚拟现实人机界面中，头盔显示器将用户与真实世界隔离，展现在用户面前的是一个人工环境，可以是一个冰雪世界，也可以是一个沙漠，还可以是一个完全科幻的世界，用户通过手柄、数据手套等外部设备对眼前的世界进行选择、抓取等操作，进而与计算机进行交流。

对于虚拟现实的人机界面，大部分都是基于三维的设计，在日后的发展中会加入听觉、嗅觉等感觉器官的设计，目的是为用户实现更好的交互体验。目前，虚拟现实的发展还处于成长阶段，它的进步离不开用户的需求和计算机技术的发展。

用户界面的发展离不开计算机技术的进步，最初的命令行界面，用户只能输入静态命令，显示器单纯输出命令执行结果。人类不满足于这样的交互方式，逐步发展形成图形用户界面。加入视频、音频等输出信息后，发展成为多媒体用户界面。为了解决界面交互中输入输出的带宽平衡问题，出现了多通道用户界面，用户可以采用自然的方式与计算机进行沟通，计算机的输出信息也更容易被用户理解。在这样的交互方式中，人类进一步要求能够"身临其境"与计算机进行通信，所以出现了虚拟现实界面。作为新型的用户交互界面，虚拟现实界面比任何一种人机交互界面更有希望实现和谐的、人机一体的交互界面。图1-14 ~图1-16 所示为虚拟现实界面。

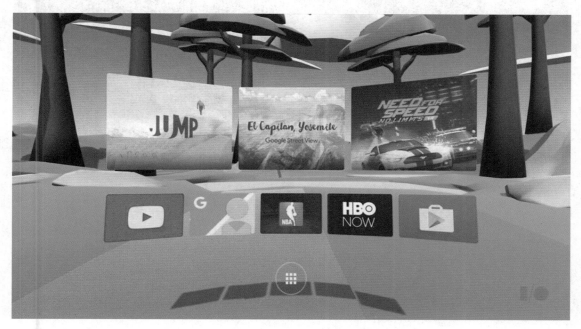

图1-14　虚拟现实界面 a

图 1-15　虚拟现实界面 b

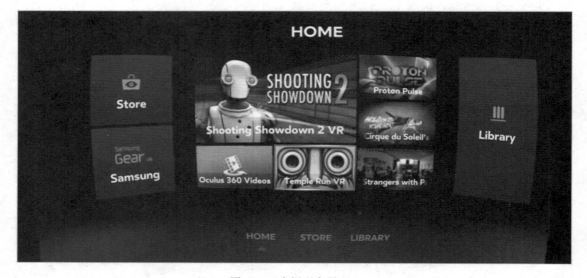

图 1-16　虚拟现实界面 c

第 2 章

界面设计与软件工程

界面设计是软件开发过程中不可缺少的部分，本章通过介绍界面设计在软件开发过程中的作用，来说明界面设计对软件系统的重要性。同时，也会对界面设计与软件工程的关系，以及界面设计与软件工程活动的关系进行介绍。

　　在整个软件开发过程中，界面设计是不可或缺的一个部分。以软件开发模型中的瀑布模型为例，如图 2-1 所示。在软件开发的瀑布模型中，进行问题定义和软件的可行性研究后，要对用户需求进行分析，需求分析中不仅要确定整个软件系统的功能需求，也要确定用户对于软件界面的操作和风格特色需求；在对软件系统进行架构设计和详细设计时，要先对软件的界面进行布局设计、图标设计和交互式设计等，再与用户沟通交流交互是否合理、是否符合用户的日常工作规范，确定所有的界面设计后，在软件系统的编码阶段进行界面的实现，最后界面成为整个软件的一部分参与测试和运行维护。在运行和维护中，不仅要修复系统存在的问题，也要根据用户的使用反馈对界面进行修改完善。

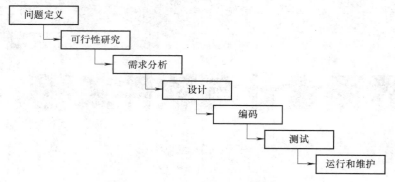

图 2-1　软件开发瀑布模型

　　以瀑布模型为例，整个界面设计流程与软件开发流程的关系，如图 2-2 所示。

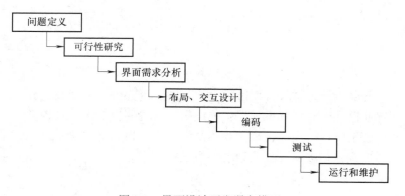

图 2-2　界面设计开发瀑布模型

2.1 界面设计对软件系统的重要性

　　用户界面在整个软件系统中是人与系统交互的"桥梁"，随着计算机技术的迅猛发展，用户对软件的要求日益增多，除了需要软件本身功能强大外，更希望在软件的界面上追求使用软件系统的方便快捷感和舒适的体验效果。用户对于软件系统更高层次的追求，突出了界面设计对软件系统的重要性。

2.1.1　合理性关系软件系统的功能

　　软件系统的功能需要依托软件的界面来表达，因此界面设计的合理性直接关系到软件系统功能的表达。界面设计的合理性主要包括控件布局合理和交互设计合理。在控件布局方面，软件系统的核心功能控件需要放置到界面中显而易见的地方，隐藏的控件布局会使软件丢失某些功能。在交互设计方面，要尽量让用户用最少的交互次数得到最理想的结果，菜单栏的设计最多不要超过三级，如图 2-3 所示。如果一些功能需要用户多次交互才能找到，那么这样的功能有可能会被用户忽略，也有可能会因为不方便执行而被用户放弃使用。控件布局和交互设计的合理性会直接影响到界面设计的合理性，从而影响到软件功能表达的好坏。

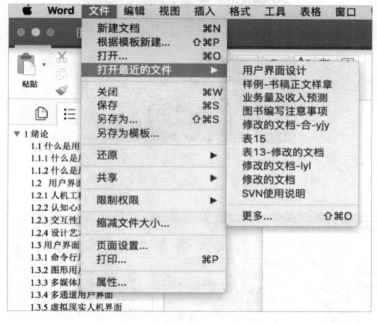

图 2-3　菜单栏设计

2.1.2　美观性关系用户对软件系统的好感度

　　一个友好美观的软件界面会使人与计算机系统的交互具有强烈的艺术效果，能给用户带来舒适的视觉体验和精神享受，并且能缓解工作压力，提高工作效率。软件系统的界面相当于整个软件系统的"门面"，是用户对软件系统的第一印象，因此界面设计的美观性直接关系用户对软件系统的好感度，而用户的好感度关系到该软件系统能否在第一时间有大范围的客户群。如果一个界面缺乏色彩和艺术感，用户对这个软件系统的兴趣度就会降低，从而降低这个软件系统的第一手商业价值。

　　图 2-4 为一个具有设计艺术的界面，美观的界面会让用户有想要了解这个软件系统的欲望；图 2-5 为一个苍白而没有设计艺术的界面，用户在第一次接触的时候好感度就会降低，从而降低了解软件系统的兴趣。

图 2-4　某短租用户界面

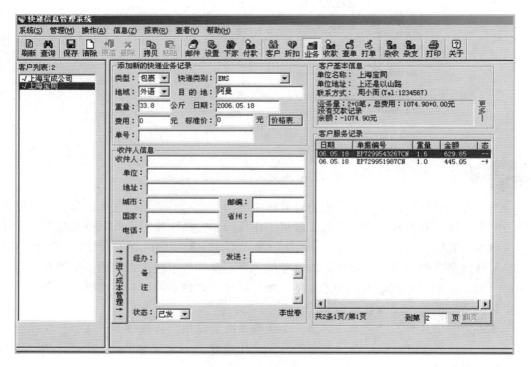

图 2-5　某信息管理软件界面

2.1.3　安全性关系软件系统的响应

在用户界面中，允许用户自由地做出选择，并且这些选择都是可逆的，但是在用户进行危险的选择时，要有信息提示或相应的出错处理。界面设计的安全性是指在设计时要将问题考虑周全，无论用户做何种选择，界面都要有相应的回应，以保证软件系统能正常地响应和运行，界面设计的安全性直接关系到软件系统是否能够正常响应。如果在界面设计时，没有对用户的操作全面考虑，对于输入的合理性也没有相应的检查，当用户出现非法操作和输入时，会造成软件系统的崩溃。

图 2-6 右侧输入框为对输入格式的要求，当用户的输入内容是错误格式时，界面需要有警告信息提示，以保证用户输入的准确性。

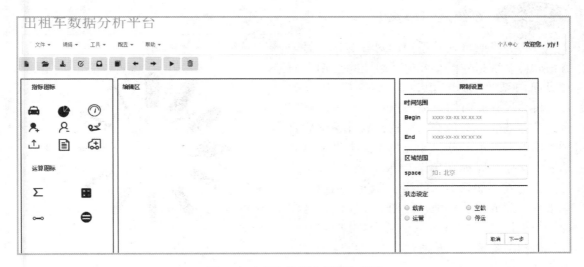

图 2-6　出租车数据分析平台界面

2.2　界面与软件系统的关系

界面与软件系统密不可分，本节分别从界面和系统的角度来阐述两者之间的亲密关系。

2.2.1　界面是"窗户"

用户界面在整个软件系统中是人与系统交互的"桥梁"，软件系统在开发过程中，通过对界面的开发，使后台的软件系统可以与用户进行交互，界面是整个软件系统对外的窗口，用户通过界面与系统进行对话。例如百度搜索引擎的界面，通过一个文本输入框让用户输入想要搜索的内容，单击"百度一下"后系统做出相应的反应，最后给出搜索结果，如图 2-7 所示。在从输入关键词到显示搜索结果的过程中，界面通过文本输入框和提交按钮与用户进行信息交互，是整个百度引擎系统对外的窗口。在软件系统中，界面是不可缺少的部分。

图 2-7　百度搜索页面

2.2.2　系统是"心灵"

一方面界面是软件系统的对外窗口，另一方面软件系统是界面交互的后台支撑。用户通过界面向系统输入信息，系统对信息进行处理，再通过界面向用户输出信息。一个没有后台只有前端的系统是不完整的，软件系统后台和界面两者密不可分，系统为界面提供强有力的后台支撑。鼠标在单击加载某一个程序时，光标会变成"加载中"的样子，防止用户多次单击程序造成系统崩溃，如图 2-8 所示。这样的一个小设计目的是给系统后台反应的时间，让界面和系统统一，并通过后台的反应支撑软件系统的界面。

图 2-8　光标"加载中"

2.3　界面设计与软件工程活动

设计活动是基于一定的目的与流程的，它明确设计活动的最终方向，并保证设计活动的正确性和高效率。本节将介绍软件工程活动过程中，用户界面设计参与的环节以及在这些环节中用户界面设计的工作环境如何、要做哪些工作，以及完成这些工作的方法。

2.3.1　需求分析

软件开发的过程需要有完整、准确、清晰、具体的要求，例如某 ERP 系统的功能如图 2-9 所示。将用户的原始需求描述整理为需求文档的过程称为需求分析。需求分析是软件工程中的重要工作，一般由专门的需求分析师完成，但用户很可能在此阶段产生模糊的需求，这些需求或多或少会和用户界面设计师的工作相关，而且进行设计时也需要考虑到用户已有的操作习惯，因此用户界面设计可以在此阶段关注需求的分析过程。

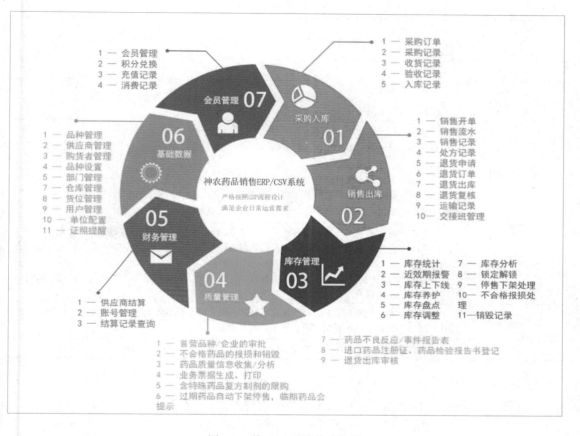

图 2-9 某 ERP 系统的功能图

1. 有需求提出方

需求是软件工程的终极目标，指的是项目的所有者或者使用者对项目所要达到的功能、性能上的要求。一般，需求来自于用户的自然语言描述，具有不确定、描述模糊和容易改变的特点。因此，需要对需求做进一步的规范，形成需求文档，一方面帮助用户确定功能细节，另一方面也便于之后开发人员进行对照和验证。

2. 没有需求提出方

如果团队要完成的是向市场投放的产品，那么系统的需求往往需要自己解决，例如从其他软件中提取或参考市场调研部门的调研报告。要制作出能够满足用户需求的产品，首先设计者自身必须对用户的潜在需求了解透彻。市场调研部门会通过类似产品功能、目标人群调研和模拟用户测试等多个途径尝试找出可能的需求，并形成需求说明。

3. 功能需求

功能需求是指描述用户希望本系统具有的功能。这反映了用户的业务流程，以及可能涉及的其他操作。功能需求大部分都需要界面配合，因此是用户界面设计者应当着重关注的参与过程。需求分析结束后，一般会使用用例规约表来描述系统的功能性需求，如表 2-1 所示。

表 2-1　用例规约表示例

用例名称	建立新岗位
用例编号	EX011-1
参与角色	管理员
前置条件	管理员已登录系统
用例说明	管理员创建新岗位
基本事件流	第 1 步，管理员请求新建岗位 第 2 步，系统弹出岗位信息查询页面 第 3 步，管理员选择"新建" 第 4 步，系统弹出岗位信息页面 第 5 步，管理员输入岗位信息，包括岗位名、部门、岗位职责，并选择"保存" 第 6 步，系统保存新建岗位，并返回到岗位信息查询页面
分支事件流	在基本事件流的第 5 步中，若管理员选择"取消"，系统返回到岗位信息查询页面 在基本事件流的第 5 步中，若管理员输入的岗位信息不完整，例如某一项没有输入，则系统提示岗位信息不完整，请重新输入 在基本事件流的第 6 步中，系统保存新建岗位信息时，发现系统中已经存在岗位名、部门相同的岗位信息，提示用户此岗位已经存在
异常事件流	在基本事件流的第 6 步中，系统保存新建岗位时出现系统故障，例如网络故障、数据库服务器故障，系统弹出系统异常页面，提示管理员保存失败
后置条件	岗位信息保存到数据库中，并在岗位信息查询页面显示刚刚创建的岗位

在上表中，"用例名称"与"用例编号"主要是描述该表在记录中的代号；"参与角色"是指参与使用这个用例的用户在系统中扮演何种角色；"前置条件"是指要进行此用例需要符合的条件；"用例说明"是对此用例内容的简单描述；"基本事件流"描述用户在进行此用例时所要经过的基本操作步骤；"分支事件流"则是对基本事件流的补充，描述在用户操作过程中可能发生的分支操作；"异常事件流"是指如果操作中发生错误，系统将要如何处理；"后置条件"是指用例结束后对整个系统产生了什么样的影响，以及系统有何变化等。

4. 非功能需求

对于软件系统来说，非功能性需求是指依据一些条件判断系统运作情形或其特性，而不是针对系统特定行为的需求，包括安全性、可靠性、可操作性、健壮性、易使用性、可维护性、可移植性、可重用性和可扩充性。对于用户界面设计人员来说，可操作性和易使用性是主要关注的非功能需求。这些非功能需求的保障是通过界面设计和交互设计共同完成的，也影响到用户使用产品时的体验。

软件需求的获取是一门专业的工作。在软件工程的工作中，这项工作关系着系统的最终成果能否达到用户的心理预期。有关软件的用户需求部分，有兴趣的读者可参阅软件工程类的相关书籍。

2.3.2　原型设计

为了帮助用户更好地描述系统的需求，也为了用户界面设计师和用户沟通的准确性，需求分析阶段常常需要使用原型。原型可以概括整个产品面市之前的框架设计，它注重于向用户展示系统所要执行的某一个方面，例如基本交互逻辑、界面布局、跳转逻辑、美术样式等。通过原型，用户可以了解到整个系统如何使用，而用户界面设计师也可以与用户讨论细节上的需求。

在原型阶段，用户界面设计需要将重心放在想表达的重点上，而暂时忽略其他方面的设计。

原型可以用多种形式表现，如草图、界面设计稿、原型交互等。

原型的概念最早产生于工业生产，是指在新产品研制过程中按设计图样制造的第一批供验证设计正确性的机械。常见行业有飞机、电脑、车床等，都会采用原型机验证。在一定经济范围内，原型机的制造往往不计成本，优先使用最好的材料。

1. 功能布局

功能布局是指为了体现产品功能而划分的布局，旨在表达产品的功能分布、使用逻辑与基本区域。因此功能布局并不拘泥于外观美的束缚，只要能将设计者的意图传达即可。在本阶段，首先可以按照常见的布局结构，例如边栏式、分页式等，来构建系统的整体结构，之后将大致的功能区填入布局的各个部分。

由于界面设计通常是很难一蹴而就的，因此在界面设计初期，往往会产生多个可行的备选方案。之后，需要通过布局复杂度和布局统一度等度量标准来衡量这些备选方案的优劣，确定最终的布局样式。

在这个阶段，可以借助布局草图以及界面跳转图来帮助我们表达，如图 2-10 所示。布局草图需要画出界面大致的功能分区，以及各个分区的主要功能或内部布局。而界面跳转图需要标识各个界面之间的切换是通过怎样的操作来完成的，以及它们的顺序如何等。

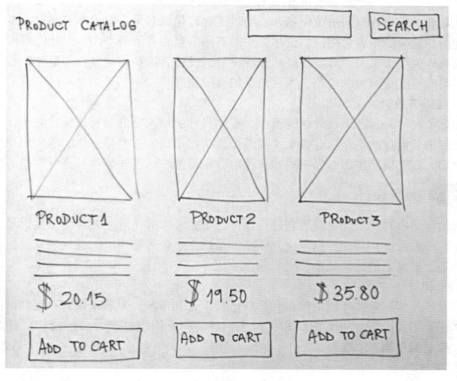

图 2-10　设计草图

2. 交互目标

如果用户要使用系统来完成业务流程，那么这个系统必须要贴合我们的目标用户。因此，在进行交互设计时需要考虑我们的交互设计需要达到何种目标。

3. 用户体验目标

用户常用的功能需要最快被找到，常用的流程应该做好优化处理，要决定重大事项时理应收到警告和防错处理，这些在使用产品过程中得到的感受会组合成用户整体的使用体验。对用户体验的要求往往会因为用户的年龄、教育程度、使用习惯等诸多因素而产生变化，因此用户体验目标必须注重目标人群的特定需求。例如，对于经常使用计算机办公的办公室白领，他们可能热衷于使用大量的快捷按键来高效完成任务；若是提供给中年或者老年人群，他们甚至不想去阅读使用说明书。

为了明确用户体验目标，需要确定目标人群，并对目标人群的使用习惯做调研。明确交互的用户体验目标，对之后进行交互设计具有非常重要的意义。

4. 功能设计

在获得了详细而准确的需求说明之后，便可开始功能设计的工作了。在本阶段，用户界面设计师需要参与到流程设计与交互设计的环节中，通过设计系统的操作流程与交互细节，让软件开发工程师能以详细的说明文档为指导进行贴合需求的开发工作，并为测试验收环节做好准备。

5. 流程设计

流程设计是指设计产品的使用流程，既包括整体完成一件大型工作的步骤（工作流），又包括执行每个独立功能所要经过的操作。流程是把输入转化成用户价值相关的一系列活动。也就是说，用户通过向系统中输入，经过流程转化成对用户有价值的操作或者信息。好的流程能用尽量少的步骤为用户创造尽量多的有用信息和有价值操作。因此流程设计对系统整体的使用体验非常重要。要实现好的流程设计，设计者需要明确流程中最为关键的那些决策点，明确参与整个流程的角色，实现流程的可视化等。

6. 交互细节设计

交互细节设计是指基于设计好的流程，根据目标用户人群的交互目标，对操作流程进行部分优化与细节设定的工作。这些工作虽然不直接创造价值，但是往往能避免用户受到巨大损失。例如，在可能产生重大影响的操作项前着重提醒，让这些事项具有可挽回的措施等。

2.3.3 外观设计

外观设计是指对产品的视觉表现进行设计，主要考虑的是产品的美学特性以及用户使用的舒适性。外观设计在功能布局与交互模型的基础上进行最终产品的视觉定义，在良好的内容包装上进行最恰当的外观展示，吸引用户使用。

1. 样式设计

样式设计是指对整体界面的风格和形状进行设计和搭配。一般来说，一套和谐而富有变化的整体样式需要一个"主旋律"来保持统一感，而不同组件和界面的变化往往起着发挥图形暗示功能的作用。

2. 配色方案

配色方案是指一整套具有统一风格和多种暗示效能的颜色组合。设计者在选取一套配色方案时，主体颜色用以适配目标用户的心理喜好，而不同的辅助颜色用于在整体风格中提醒用户不同的功能。例如，较为醒目的颜色用于标识错误，对比度较浅、灰度较大的颜色标识不可用等。

配色方案需要选定一个主色调，然后将其衍生出来的其他颜色作为一种用途标示出来，配色方案可以按照功能来表示，也可以按照情景来表示。图 2-11 为一组轻快明朗的配色。

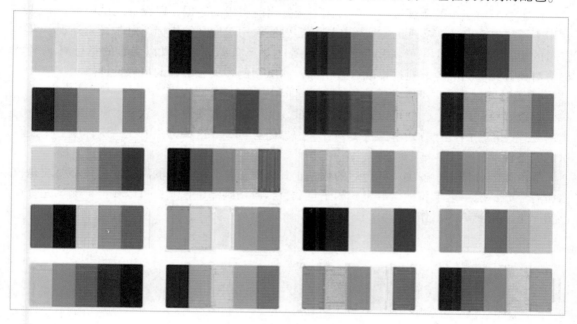

图 2-11　一组轻快明朗的配色

2.3.4　图形界面测试

除了原型设计、功能设计和界面设计，用户界面设计人员还能进行一项专门针对图形界面的测试工作，即图形界面测试。用户界面从命令行演化到图形界面，除了易用性大大增加了之外，操作的自由度也极大地增加了。而软件的使用是十分依赖正确的操作流程的，因此进行图形界面测试，寻找所有可能出现的异常情况，对保证软件的正常使用是十分重要的。

图形界面测试越早测试越好。由于图形界面的设计与实现参与到软件的各个层面中，因此在各个阶段都要首先设计好针对当前阶段的测试方法和测试用例。可以按照如下思路设计图形界面测试用例。

1. 对界面元素分组分层

对界面元素进行分组，让从属于同一功能的元素在同一组中，有助于功能测试时确定测试对象。对界面元素进行分层，有助于区分不同类型的测试方法。一般可以将界面元素分成三层：第一层为界面原子，即界面上不可再分割的单元，如按钮、图标等；第二层为界面元素的组合，如工具栏、表格等；第三层为完整的窗口。

2. 确定当前层次的测试策略

对于不同的层次和粒度，测试的策略是不同的，需要根据当前层的特点来设计。例如，在上述的三层结构中，对界面原子层主要考虑该界面原子的显示属性、触发机制、功能行为和可能状态集等内容；对界面元素组合层，主要考虑界面原子的组合顺序、排列组合、整体外观和组合后的功能行为等；对完整窗口，主要考虑窗口的整体外观、窗口元素排列组合、窗口属性值和窗口的可能操作路径等。

3. 进行数据分析，提取测试用例

确定了当前层级的测试策略之后，需要分析当前层级的数据，以设计测试用例。测试用例用于评价界面设计与实现的完成度，因此需要提取用于评判的指标。对于元素外观，可以参考的指标有元素大小、形状和颜色饱和度等；对于布局方式，可以参考的指标有元素坐标、对齐方式和间隔等。通过提取这些指标，测试用例才具有明确的可评价性。

4. 设计测试方法

提取好测试用例后，便可以开始设计测试。为了结果方便评判，需要对测试结果进行一定的处理。常用的设计方式有等价类划分、边界值分析等。这些方法能在一定程度上保证测试的完备性。

等价类划分是用于解决选择合适的数据子集以覆盖整个数据集的问题，其核心要求是覆盖所有原始情况，追求目标是尽量少的子集数目，应用到测试领域，可以在保证测试完整性的情况下减少测试的工作量。

第 3 章

设计的目标和原则

本章主要阐述用户界面设计的可用性目标与度量，从认知过程来看用户界面设计，并对界面设计需要遵循的原则进行阐述。

3.1 可用性目标与度量

可用性目标是用户界面设计中对于可用性需要达到的标准，而对于可用性的度量则是对标准是否达到的衡量。

3.1.1 用户界面的可用性目标

用户界面的可用性就是用户界面的可使用程度，或者是用户对于界面的满意程度。可用性高的用户界面一定是在最大限度满足用户需求的基础上，能够使用户方便快捷学习和使用的界面。

20世纪70年代末，研究者们提出了可用性（Usability）的概念，学者 Hartson 认为可用性包含了有用性和易用性两层含义：有用性指的是产品是否实现了一定的功能；易用性指的是产品对于用户的易学程度、用户与产品的交互效率以及用户对于产品的满意程度。Hartson 的定义相对来说比较全面，但是对于概念的可操作性缺乏进一步的分析。

学者 Nielsen 认为可用性包括：易学性、交互效率、易记性、出错频率和严重性以及用户满意度。其中易学性指的是产品对于用户来说是否易于学习；交互效率是用户使用产品完成具体功能的效率；易记性是用户搁置该产品一段时间后，是否仍记得是怎么操作的；出错频率和严重性是产品操作错误出现的频率以及这种错误的严重程度；用户满意度是用户对于产品是否满意。产品要在每个要素上都达到很好的水平，才具有高可用性。

国际标准化组织（ISO）在 ISO 9241-11（Guide on Usability）国际标准中对可用性做出了如下的定义：产品在特定使用环境下，用于特定用户时所具有的有效性（Effectiveness）、交互效率（Efficiency）和用户主观满意（Satisfaction）。其中有效性是指用户完成特定任务达到特定目的所具有的正确和完整程度；交互效率是用户完成任务的正确和完整程度与所使用资源之间的比率；满意度是用户在使用产品过程中所感受到的主观满意度和接受程度。

综上所述，用户界面也属于可用性概念中的产品。因此，用户界面在可用性方面，至少要具备易学性、易用性、有效性、交互效率和用户满意度五个可用性目标。易学性要求用户界面对用户来说容易上手，能很快熟练；易用性要求用户界面的操作不复杂，在最少的操作步骤下完成特定功能；有效性要求用户界面在最大程度上满足用户需求，保证正确度和完整度实现功能；交互效率要求用户界面使用最少资源，满足用户完成界面交互；用户满意度要求用户界面的设计具有合理性、美观性等，给用户除了满足功能外的视觉和听觉上的额外享受。

3.1.2 可用性的度量

可用性的度量是系统化收集交互界面的可用性数据，并对其进行评定和改进的过程。可用性度量的目的包括：改进现有的用户界面，提高其可用性；在对新界面进行设计时，对已有界面进行可用性评估，可以取长补短，更有效地达到可用性目标。界面设计是一个设计、可用性度量、改进相互叠加和往复的过程，需要对界面设计进行可用性度量再改进，从而不断完善界面，因此，可用性度量在界面设计中的地位十分重要。可用性度量的方法主要包括可用性测试、启发式评估、认知过程浏览、用户访谈和行为分析等。

可用性测试通过组织典型目标用户组成测试用户，使用界面设计的原型完成一组预定的操作任务，并通过观察、记录和分析测试用户行为获取相关数据，是对界面进行可用性度量的一种方法。可用性测试适用于界面设计中后期界面原型的评估，通常是由测试人员和观察人员在特定的测试环境下进行，测试人员完成预定的测试任务，观察人员在旁记录测试用户的行为过程，也可借助摄像机、眼动跟踪技术、鼠标轨迹跟踪技术等进行数据收集，最后分析数据得到结论。可用性测试是可用性度量中最常用的方法之一。

启发式评估也称为经验性评估，主要是邀请可用性度量专家根据自身的实践积累和经验，在通用用户界面可用性指南、标准和人机交互界面设计原则的基础上，对测试的界面进行可用性度量。启发式评估也是可用性度量的方法之一，这样的度量方法直接、简单、易行，但是缺乏精度，适用于界面设计的中前期。

认知过程浏览是通过邀请其他设计者和用户共同浏览并分析界面的典型任务和操作过程，从而发现可用性问题并提出改进意见的一种方法。认知过程浏览适用于界面设计的初级阶段，当具备了界面设计的详细说明后，可以采用认知过程浏览的方法进行可用性度量。

用户访谈是一种探究式的可用性度量方法，在界面设计的前期，通过用户访谈了解用户的需求和期望值，在界面设计的中后期通过用户访谈了解用户对设计的看法，然后对界面的设计进行增删改查。在用户完成测试任务后再进行访谈，这样目标性更强，容易挖掘出更多的问题。

行为分析是用来发现人机交互中可用性问题的可用性度量方法，一般是将用户的操作过程分解成连续的基本动作，再根据交互设计原则确定评价标准，然后与用户测试过程进行对比分析，发现存在的问题。行为分析法既适用于界面设计中的原型，也适用于已经成型的用户界面，行为分析法可以帮助我们分析功能完成过程的步骤与完成时间的关系。

3.2 认知过程

用户使用用户界面的过程，实际上是一个对界面所提供的信息进行加工处理的过程。图 3-1 为用户接收到界面颜色、光、声音的刺激，通过视觉、听觉、触觉等感知系统产生感觉，形成对信息的第一印象和最初理解，这是对界面的感觉，是了解信息存在的阶段；感觉到的信息经过人脑的处理，主要是用户判断这些信息是否存在记忆中，与记忆中的信息进行比对，产生知觉，这是对界面了解信息种类的阶段；最后通过感觉和知觉获取到的信息在大脑里建立信息的概念，就是用户认识信息的阶段。用户对于用户界面的认知经过感觉、知觉和认识三个阶段，其中感觉阶段涉及的是用户的认知生理，知觉和认识阶段涉及的是用户认知心理。

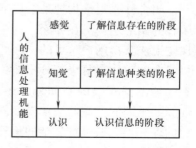

图 3-1　人的信息处理过程

人们对任何事物的了解都是从感觉开始的，感觉是一切复杂心理活动的前提和基础，在人的各种活动过程中起着极其重要的作用。人的感觉包括视觉、听觉、触觉、嗅觉、味觉和运动觉等。

3.2.1 从视觉看用户认知

视觉是人类最重要的感觉，外界 80% 的信息都是通过视觉获得的。视觉的感觉器官眼球是直径为 21 ~ 25mm 的球体，是人类认识活动中最有效的器官。光线通过瞳孔进入眼中，经过晶状体聚焦到视网膜上，眼睛的焦距是依靠眼部周围肌肉调整晶状体的曲率实现的。人眼的成像原理如图 3-2 所示。

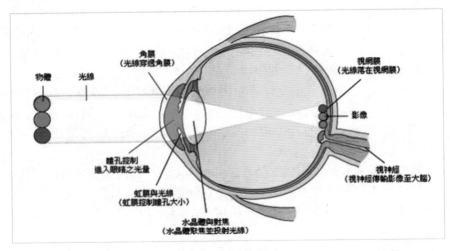

图 3-2　眼睛成像原理

由于外界 80% 的信息都是通过视觉获得，所以视觉显示界面是人机交互中最常见的用户界面，基于用户视觉心理的界面设计成为用户界面设计的一项重要研究课题。在用户界面设计中，设计人员要充分了解并掌握视觉心理对用户的影响，遵循接近性原则、闭合性原则、联想性原则和连续性原则进行视觉上的界面设计。

接近性原则是考虑到用户在视觉信息认知时，习惯找寻不同视觉元素之间的关系，往往会根据视觉元素的颜色、位置等将其进行分类，因此设计人员要根据设计的要求将同种类型的视觉信息聚集到一起，便于用户更快地熟悉界面。

闭合性原则是指把某个局部元素认定成一个整体且闭合的图形趋势。在界面设计中，不完整的视觉元素传递是无法获得用户认可的，因此视觉元素要构成一个有机联合的整体，每个部分不能单独存在，单独的视觉元素除了占据有限的空间外，还影响了界面设计的整体性。如早期的计算器操作界面就不具备闭合性原则，这样的计算器无法进行复杂的运算，也无法保存数据，如图 3-3 所示。

图 3-3　计算器

联想性原则考虑到的是用户在进行视觉信息收集时，会自动把某个区域的元素联想为一个相近的图形。在界面设计时，我们可以采用相近的视觉元素来进行图标的设计，运用人类视觉信息收集的联想，在界面图标的运用时，不用担心用户是否知道图标的含义。如看到齿轮的图标，用户会联想到"设置"功能，这种联想的结果除了齿轮在实际生活中扮演设置的工具外，也是因为目前很多界面都使用这样的图标表示"设置"，易于理解和联想，图 3-4 为生活中的齿轮，图 3-5 为界面中使用到的齿轮图标。

图 3-4　生活中的齿轮

图 3-5　界面中的齿轮图标

　　连续性原则是考虑到在用户的视觉认知观念里倾向于把元素组成连续轮廓或者重复的图形，人们认为视觉元素不是单独存在的，每个视觉元素之间都有一定的联系。所以在界面设计中，会有布局的概念。如在图 3-6 的苹果手机界面中，每一个应用程序的图标都不是散列

图 3-6　苹果手机界面

摆放的，基本上都是处于对齐放置，这样的摆放方式会让用户看起来非常舒适自然。很少会有操作系统或者网页的界面将视觉元素随机摆放，图 3-7 为支付宝用户界面，也是考虑到了连续性原则。

图 3-7　支付宝用户界面

3.2.2　从听觉看用户认知

听觉也是人类重要的感觉，耳朵是听觉的信息接收器，如图 3-8 所示。耳朵把外部声波翻译成大脑内部的语言，完成信息的听觉传递。外界的声音通过外耳道传递到鼓膜，当声波撞击鼓膜时，引起鼓膜的振动，之后经由鼓室中锤骨、砧骨、镫骨三块听小骨以及与其相连的听小肌构成的杠杆系统传递，引起耳蜗中淋巴液及其底膜的振动，使底膜的毛细胞产生兴奋，声波在此处转变为听神经纤维上的神经冲动，并对声音进行编码，最后传递到大脑皮层，产生听觉。

由于人类接受的信息中很大一部分是从听觉系统获得的，所以对于用户界面而言，利用用户的听觉感知系统向用户传递提示信息、输出警告等是设计中不可或缺的一个部分。在界面设计中使用到的声音可分为语音和非语音，语音是具体的语言交流，主要显示信息的内容；非语音主要是对交互信息进行及时的反馈，如 12306 网站刷到票后会有一声火车的鸣笛声，Windows 操作系统电脑的回收站清空时的倒垃圾声音，表示正在清理回收站。语音的交互

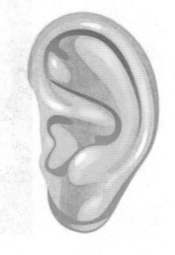

图 3-8　耳朵

除了应用在输出方面外，现在随着计算机技术的发展，语音识别技术日益成熟，很多软件系统的输入也采用了语音输入，如搜狗输入法、讯飞输入法等，可以用语音输入文字。

3.2.3 从触觉看用户认知

触觉也是人类的重要感知。触觉的生理基础来源于外界对皮肤和皮下组织的触觉感受器所施加的机械刺激。在界面设计中，充分利用用户的触觉感知系统传递信息，如单击界面上的控件时，鼠标左键会按下然后抬起，表示单击了这个控件。如果用户使用鼠标左键没有这样的感受，说明操作有可能失败了。用户可以通过触觉来判断操作是否顺利进行。

目前计算机行业飞速发展，和用户进行接触，并让用户产生触觉的交互设备除了鼠标、键盘外，手机屏幕、虚拟现实的手柄都可以成为与系统交互的设备。如用户可通过滑动手机屏幕来进行屏幕解锁等操作，如图 3-9 所示。用户也可以使用手柄来模拟乒乓球拍，在虚拟现实中进行乒乓球游戏。

图 3-9 通过滑动来解锁界面

3.3 设计基本原则

虽然用户界面设计结合了美学、交互学等多种学科，但在进行设计时，也需要遵循一些原则，本节主要阐述界面设计的基本原则。

3.3.1　以用户为中心原则

界面设计要以用户为中心，首先界面的设计必须要以用户的需求来确定，要最大限度实现用户所要求的功能，界面的设计不能由功能流程和硬件设施的限制来推动；其次，要让用户参与设计，参与界面中各项决策环节，界面设计的每个阶段都需要用户的参与。

3.3.2　一致性原则

界面设计中的一致性包括宏观维度一致性、界面维度一致性、流程维度一致性和元素维度一致性。

宏观维度是站在整个产品角度而言的，界面设计风格是否与产品的风格定位一致，如产品的风格定位是商业的邮件收发系统，那么界面设计的风格应该简洁大方，而不是色彩丰富；还要考虑界面设计是否符合产品的商业维度，如产品是免费的文献查阅网站，通过文献下载收费来盈利，那么在整个页面设计中要引导用户去消费，与产品在商业维度上保持一致性。

界面维度是站在界面角度而言的，指的是界面的风格、布局以及聚焦方式是否一致，也包括视觉设计中的视觉效果、色彩搭配、关键信息传递能力与意义表达是否一致。从整个界面角度看上去，要保持一致性。

流程维度是站在整个与用户交互流程角度而言的，在人与界面的交互流程中，用户是否感到自然、容易理解以及便于记忆，交互流程要符合用户思维模式，与用户的认知过程一致。如交互中，确认操作的对话框中至少要包含确认和取消两个控件，如果只有一个，不符合用户的交互习惯。

元素维度是站在界面中控件的角度而言的，整个界面维度的一致性要由元素维度的一致性来保证。对于界面中的交互控件，以用户的视觉感知规律为依据，统一元素风格，无论是按钮还是下拉菜单都需要统一，对于界面用语也要统一，如"确定"还是"确认"。

界面的一致性原则不仅仅能使界面看上去有亲和力，也能使整个产品项目取得良好的效果。

3.3.3　简单可用原则

一个复杂的操作界面会使原本有限的布局空间更加拥挤，复杂的操作流程会增加用户使用界面的压力，因此用户界面设计要遵循简单、可用原则，从降低用户视觉干扰和精简操作流程两个方面来设计界面。

界面中大量的视觉干扰会对一个感觉很复杂的界面造成影响，当界面中显示文字或图片信息远远大于用户需要时，会增加用户阅读的负担，使用户产生抵触感，从而放弃使用该界面。为了帮助用户在短时间内找到关键信息和功能，界面设计时应该精简文字，将图文信息合理分类，通过合理的布局和版式设计，让用户迅速获得界面所传达的信息，减少用户的视觉负担。图 3-10 为百度 Echarts 界面，布局简单精练，能够缩短用户寻找关键信息的时间；图 3-11 为腾讯首页，文字较多，提供了尽可能多的关键信息。在大多数的新闻门户中，文字多是一个比较明显的特点，如网易新闻、新浪网等，如图 3-12 和图 3-13 所示。

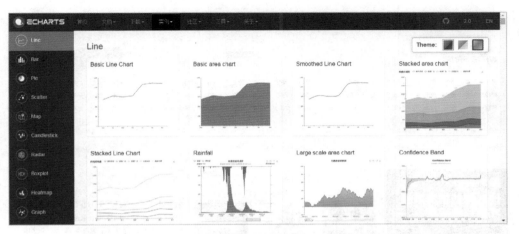

图 3-10　Echarts 界面

图 3-11　腾讯首页

图 3-12　网易新闻首页

图 3-13　新浪首页

界面复杂的操作流程不仅会增加用户的思考时间，也会增加用户的记忆负担，用户需要花大量的记忆和时间去熟悉界面的交互流程。因此界面设计需要精简操作流程，使操作更具有目的性，让用户可以在极短时间内完成目标所需要执行的操作，尽可能将操作数量降到最少，保证用户与界面交互时的舒适感和流畅感。

3.3.4　用户记忆最小化

由于用户是在记忆的帮助下来学习界面的使用，一个设计优良的用户界面，能合理运用人类的再认与再忆，减少用户短期记忆的负担。界面可以通过提供可视化的交互方式，使得用户能够识别过去的动作、输入和结果，减轻用户的认知负担；保持用户操作行为和操作结果的一致，对用户的操作及时给出反馈；图标和图像的表达应该基于现实事件，是现实世界事物的象征，减少用户记忆和学习的时间；在进行界面设计时，要考虑到是否需要帮助用户记住重要信息，如用户输入登录用户名和密码时，可以提示用户是否需要记住密码，以减少用户的记忆负担，如图 3-14 所示。

图 3-14　记住密码

3.3.5　具有较强的容错功能

考虑到用户在认知过程中的易出错性，界面需要具有较强的容错功能。有良好容错性的界面会先预判用户容易出现错误的地方，并在这些地方给予提示和解决办法来引导用户，保证用户在错误操作之后还能按照一定方式完成任务。如微软的 Office 办公软件有词法、语法、句法等错误提示及修改功能。

界面设计中除了要考虑错误提示和引导正确操作以外，还要考虑帮助功能，帮助用户学习如何使用和操作界面，从而实现软件系统的功能，避免用户在自己摸索时遇到难以解决的问题。以王者荣耀游戏为例，一个新用户进入到游戏时，会有操作说明和提醒，更直观地将操作展示给用户，让用户快速上手，图 3-15 为王者荣耀的新手教程界面。

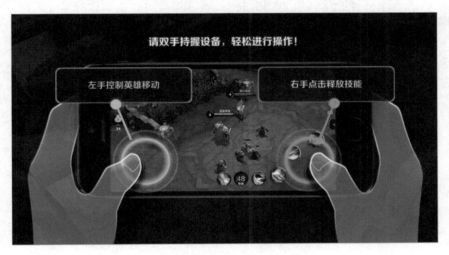

图 3-15　王者荣耀新手教程

第4章

交互设备

在人与计算机的交互过程中，交互设备是不可或缺的部分，随着计算机处理能力和储存能力的显著提升，很多交互设备也被代替和改进。用于输出的高速百万像素图形显示器取代了传统的电传打印机；虽然键盘目前仍是计算机中文本输入的主要设备，但为了满足移动设备用户的需求，触摸屏的出现使得用户脱离键盘来完成任务。随着用户对交互式体验要求越来越高，眼球追踪器、数据手套、基于语音识别的输出设备等都在新型应用场景中得到了大力发展。

4.1 输入设备

人机交互中的输入设备用于向计算机输入数据，常见的人机交互输入设备有键盘、鼠标、摄像头、传声器和触摸板等。

4.1.1 文本输入设备——键盘、手写板

文本输入设备是指将文本内容输入到计算机的设备，常见的文本输入设备主要是键盘与手写板。

1. 键盘

目前文本输入的主要方式还是通过键盘将英文字母、数字、标点等输入到计算机中，从而向计算机发出命令，进行数据的输入等。早期的键盘大都是机械点触式键盘，这种键盘使用电触点接触作为连同标志，使用机械金属弹簧作为弹力结构，手感很接近打字机键盘，当时很受欢迎。但是机械点触式键盘的机械弹簧很容易损坏，并且电触点会在长时间使用后出现氧化现象，导致按键失灵，所以电磁机械式键盘将其取代了。电磁机械式键盘的使用寿命强了很多，但依旧没有解决机械式键盘由于固有的机械运动容易损坏的问题，所以被非接触式键盘取代了。主要的非接触式键盘有电阻式键盘和电容式键盘，其中电容式键盘由于成本低和工艺简单，受到普遍应用，电容式键盘的手感更加轻柔而有韧性，成为当前键盘的主流设计。

键盘的常见布局有 QWERTY 键盘、DVORAK 键盘和 MALT 键盘。其中 QWERTY 键盘的名称来源于该布局方式最上排的六个英文字母，将频繁使用的字母远远分开，增加了手指的移动距离，使得最大限度放慢敲击的速度，避免卡键，目前这种布局方式依然是最常见的排列方式。但是这样的键盘布局方式特别没有效率，如大多数打字员习惯用右手，但在 QWERTY 键盘中，左手负担了 57% 的工作，使得打一个字需要上下移动手指头，图 4-1 为 QWERTY 键盘。DVORAK 键盘布局允许左右手交替击打，避免单手连击；并且越排击键平均移动距离最小，排在导键位置的是最常用的字母，减少打字员的打字时间，图 4-2 为 DVORAK 键盘。由于受到传统 QWERTY 布局的影响，DVORAK 布局没有成为主流的键盘布局。MALT 键盘布局比 DVORAK 键盘布局更加合理，如图 4-3 所示。MALT 键盘布局改变了原本交错的字键行列，让其他原本远离键盘中心的键更容易触到，使拇指得到更多使用。由于该键盘需要特殊的硬件才能安装到计算机上，并没有得到广泛的应用。

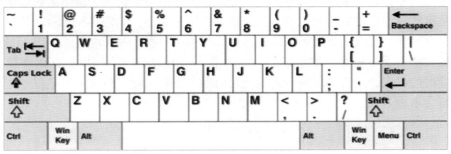

图 4-1　QWERTY 键盘

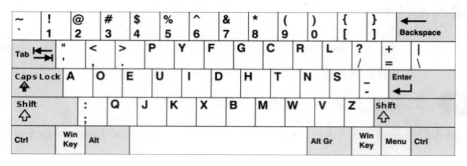

图 4-2　DVORAK 键盘

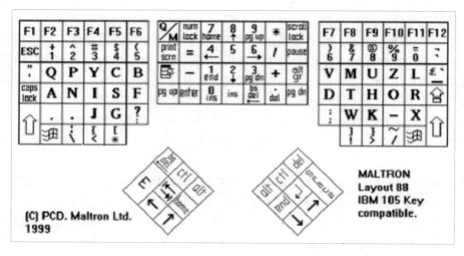

图 4-3　MALT 键盘

在移动设备中，文本输入的主要方式是使用比实体键盘尺寸大大减小的虚拟键盘，虚拟键盘的布局方式大多数采用了 QWERTY 键盘布局，图 4-4 为苹果手机的虚拟键盘。这样的虚拟键盘对用户而言缺少了触觉反馈，所以大多数移动设备采用在点击按键的时候发出声音来进行反馈。

2. 手写设备

手写输入设备也是文本输入的主要交互方式，一般由手写板和手写笔组成。手写板是通过各种方法将手写笔走过的轨迹记录下来，然后识别为文字，如图 4-5 所示。手写板主要有电阻式压力手写板、电磁式感应手写板和电容式触控手写板。其中电阻式压力手写板几乎被淘汰；电磁式感应手写板是目前市场的主流产品；电容式触控手写板具有耐磨损、使用简便、灵敏度高的优点，是市场的新生力量。目前很多手写板除了搭配手写笔以外，也可以用手触控进行文本输入。

图 4-4　手机输入法虚拟键盘

图 4-5　手写板

在移动设备中，尤其是目前的触屏手机，手写也是主要的文本输入方式，手机屏幕相当于手写板，手指相当于手写笔，以输入法软件为依托、手写文字识别技术为核心，进行手写文本输入。图 4-6 为搜狗输入法手写输入的界面。

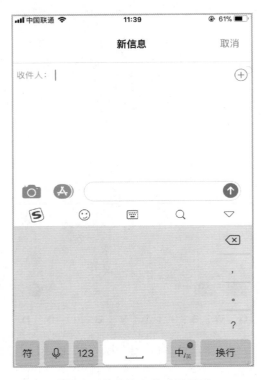

图 4-6　搜狗输入法手写界面

4.1.2　图像输入设备——扫描仪、摄像头

图像输入设备是指将图像信息输入到计算机的硬件设备，主要有扫描仪和摄像头两种。

1. 扫描仪

扫描仪通常是计算机外部设备，是通过捕捉图像并转换成计算机可以显示、编辑、存储和输出的数字化输入设备。扫描仪作为光电、机械一体化的高科技产品，自出现以来凭借独特的数字化"图像"采集能力、低廉的价格和优良的性能，得到了迅速的发展和广泛的应用。目前扫描仪已经成为计算机中不可缺少的图像输入设备之一，被广泛运用于图形、图像处理的各个领域。

扫描仪按照结构特点可分为手持式、平板式、滚筒式、馈纸式和笔式等。其中平板式扫描仪又称台式扫描仪，是目前市场上的主流产品，使用方便，扫描出来的结果也比较好，成本相对较低，体积小且扫描速度快。滚筒式扫描仪常用于专业领域，处理的对象大多为大幅面图纸、高档印刷用照片等。滚筒式扫描仪一般使用光电倍增管，因此它的密度范围比较大，能够分辨出图像更细微的层次变化。馈纸式扫描仪又称小滚筒式扫描仪，工作时镜头是固定的，通过移动要扫描的物件来进行扫描，因此只能扫描较薄的物件，并且范围还不能超过扫描仪。图 4-7 为高拍式扫描仪。

图 4-7　扫描仪

2. 摄像头

摄像头是计算机图像输入的主要设备之一，不仅可以拍照，也可以进行视频录制。目前摄像头已是计算机和移动设备必备的设备之一，用户可以通过摄像头和传声器在网络上进行影像和沟通。

摄像头可分为数字摄像头和模拟摄像头。目前计算机市场上的摄像头基本以数字摄像为主，而数字摄像头中又以使用新型数据传输接口的 USB 数字摄像头为主。数字摄像头可以将视频采集设备生产的模拟视频信号转换成数字信号存储在计算机里。而模拟摄像头是将捕捉到的视频信号经过特定的视频捕捉卡将模拟信号转换为数字模式，并加以压缩后才能到计算机上运用，所以模拟摄像头在计算机市场上并不是主流。随着技术的发展，目前很多移动设备都自带摄像头，用户可以随时随地拍照和录像，并将照片和视频分享到自己的朋友圈。摄像头在计算机设备上的运用，丰富了计算机的输入方式，也丰富了用户的科技生活。图 4-8 为可以外置的摄像头，图 4-9 为移动设备自带的摄像头。

图 4-8   摄像头

图 4-9   手机摄像头

4.1.3 语音输入设备——传声器

语音作为一种重要的交互手段，日益受到人们的重视。在计算机中，主要的语音输入设备是传声器（又称麦克风），如图 4-10 所示。传声器是一种电声器材，通过声波作用到电声元件上产生电压，再转换成电能。传声器通常处于声频系统的最前面一个环节，性能的好坏关系到声频系统和声音质量。目前使用最广泛的传声器是电动式麦克风和电容式麦克风。电动式麦克风是根据电磁感应原理制成的，使用简单方便，不需要附加前置放大器，牢固可靠，寿命长，性能稳定，并且价格相对便宜。电容式麦克风是依靠电容量变化而起换能作用的传声器，它是电声特性最好的一种麦克风，能在很宽的频率范围内具有平直的响应曲线，输出高，失真小，瞬间响应好，被广泛运用于广播电台、电视台等专业录音场景中。

目前很多传声器设备都佩戴在耳机上，有的传声器内置在移动计算机和移动设备中。传声器和摄像头相结合，使得用户不仅可以进行远程的视频交流，也可以自己拍摄和制作视频。就当前的技术发展而言，传声器、摄像头和移动设备相结合，使得直播行业不仅仅局限于电视台和广播电台，任何人都可以做直播，做主播来分享自己的日常生活。图 4-11 为直播话筒。

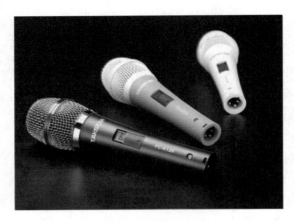

图 4-10　传声器

图 4-11　直播话筒

4.1.4　指点输入设备——鼠标、触摸板

指点设备常用于完成一些定位和选择物体的交互任务，主要的指点输入设备有鼠标、触摸板、光笔和触摸屏。

1. 鼠标

1964 年，加州大学伯克利分校的道格拉斯·恩格尔巴特博士发明了鼠标，鼠标是计算机显示系统中横纵坐标定位的显示器，可以对当前屏幕上的游标进行定位，并且通过按键和滚轮装置对游标所经过的位置的屏幕元素进行操作。鼠标的出现代替了原来键盘"上下左右"输入的烦琐性，使操作计算机变得更加方便快捷，如图 4-12 所示。

鼠标按结构可以分为机械式鼠标、光机式鼠标、光电式鼠标和光学鼠标。机械式鼠标底部有一个可以四向滚动的小球，这个小球在滚动时会带动一堆转轴（X 转轴、Y

图 4-12　鼠标

转轴）转动，在转轴的末端都有一个圆形的译码轮，转轴的转动导致译码轮的通断发生变化，产生一组组不同的坐标偏移量，反映到屏幕上，就是光标随着鼠标的移动而移动。由于是机械结构，X 轴和 Y 轴在长时间使用后会附着一些灰尘等赃物，导致定位精准度下降，流行一段时间后被"光机鼠标"替代。光机式鼠标底部也有小球，但是不再有圆形的译码轮，换成了两个带有栅缝的光栅码盘，并且增加了发光二极管和感光芯片。光机式鼠标底部的小球并不耐脏，使用一段时间后会因为沾上灰尘而影响光通过，从而影响鼠标的灵敏度和准确度。光电式鼠标是通过检测鼠标的位移，将位移信号转换为电脉冲信号，再通过程序的处理和转换来控制屏幕上的光标箭头移动。虽然光电鼠标在精准度上有所提升，但是它的使用不够人性化，用户不能快速地将光标直接从屏幕的左上角移动到右下角，且光电鼠标的造价较高，基于这些原因，光电鼠标没有在市场上流行起来。光学鼠标与光机、光电鼠标在结构上差异比较大，没有了底部的小滚轮，也不需要反射板来协助定位，在保留了光电式鼠标精准度和无机械的特点上，又具有很高的可靠性和耐用性。目前很多用户将光学鼠标作为首要选择。

为了适应大屏幕显示器和方便用户使用，现在市场上流行无线鼠标，鼠标与计算机之间采用无线遥控，没有了电线连接的束缚，用户对鼠标的使用更加自由，体验更好。

2. 触摸板

触摸板是在一种平滑的触控板上，利用手势的滑动来操作计算机游标的输入设备。触摸板通过检测用户手指接近时电容的改变量转换为坐标。目前触摸板已经广泛应用于笔记本电脑，可以代替鼠标，如图 4-13 所示。与鼠标相比，触摸板的使用更佳灵活，有的触摸板可以支持手写文本输入功能，有的支持用户使用更多的手势操作计算机，如苹果电脑的触摸板支持用户三个手指滑动进行窗口切换。

图 4-13　触摸板

3. 光笔

光笔是比较早的指点输入设备，用户使用光笔在屏幕上指点某个点以执行选择、定位或者其他操作。光笔和图形软件相配合，可以在显示器上完成绘图、修改图形和变换图形等复杂操作。目前光笔已经逐渐被触摸屏取代了。图 4-14 为光笔，图 4-15 为光笔和手写板的组合。

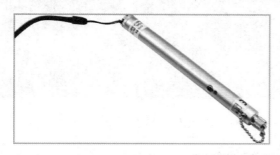

图 4-14　光笔

图 4-15　光笔和手写板

4. 触摸屏

触摸屏是一种可接收触头等输入讯号的感应式液晶显示器装置，作为液晶显示器，触摸屏既是输出设备，也是输入设备。用户可以直接用手指在触摸屏上进行选择、定位等操作。

触摸屏为人机交互提供了更加简单、方便和自然的交互方式，直接替代了鼠标和键盘。目前触摸屏主要应用在公共信息的查询系统中，如图 4-16 的银行 ATM 机、图书馆的书籍查询一体机等。现在很多移动设备也使用了触摸屏，如手机、平板电脑，如图 4-17 所示。部分计算机为了操作方便，也会把显示屏配成可触屏的显示器。图 4-18 为触摸屏一体机。

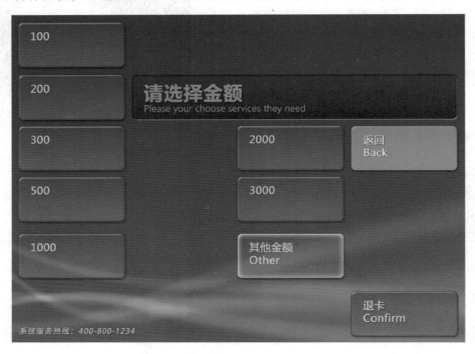

图 4-16　ATM 机触摸界面

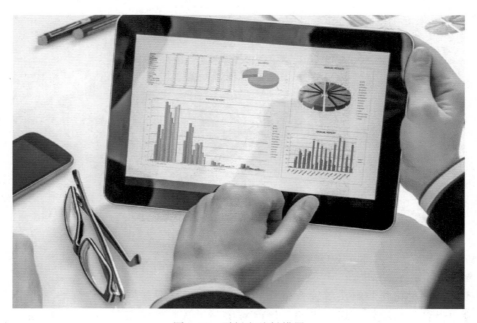

图 4-17　平板电脑触摸屏

图 4-18 触摸屏一体机

4.2 输出设备

人机交互中的输出设备用于接收计算机数据的输出显示、打印等,即把计算机对用户的反馈结果通过数字、字符、声音、图像等形式显示出来。常见的人机交互输出设备有显示器、打印机、绘图机、影像输出系统、音响、耳机等。

4.2.1 文字、图像输出设备——显示器、打印机

对计算机而言,文字、图像的输出设备以显示器为主,打印机为辅。本节主要介绍的是显示器与打印机这两种文字、图像输出设备。

1. 显示器

显示器是用户与电子计算机交互中最主要的输出设备,也是人与机器交流的主要工具。显示器既可以显示鼠标和键盘的输入结果,也可以显示计算机处理的结果,是目前计算机设备和移动设备中不可缺少的硬件设施。显示器是文字、图像的输出设备,也是视频的输出设备,显示器的输出是软拷贝。显示器的发展是随着计算机的发展而发展的,如图 4-19 所示。

图 4-19 显示器

显示器主要分为 CRT 显示器、LED 显示器、LCD 显示器。CRT 显示器是目前应用最广泛的显示器之一，具有可视角度大、无坏点、色彩还原度高、色度均匀等特点；LED 显示器是通过控制半导体发光二极管来显示的，用来显示文字、图形、图像、动画等各种信息的显示屏幕；LCD 显示器是就是液晶显示器，具有机身薄、占地小、辐射小等特点。

2. 打印机

打印机是将计算机处理结果打印在纸张上的输出设备，打印机的输出是硬拷贝，可以打印文字和图像，从而将计算机的处理结果展示在相关的介质上，如纸张。随着打印技术的发展，针式打印机、喷墨式打印机和激光式打印机占据了整个打印机行业，并且各有特点和市场，如图 4-20 所示。

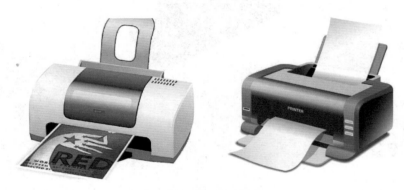

图 4-20　打印机

针式打印机是以行列点阵的形式来打印字符或图形的，它的打印成本极低并且有着很好的易用性，但是打印质量较低，工作的噪声也很大，目前只用于银行、超市等票单的打印。喷墨式打印机有连续式喷墨和随机式喷墨两类，连续式喷墨打印机只有一个喷嘴，利用墨水泵对墨水的固定压力使之连续喷出；随机式喷墨打印机的墨滴只有在需要打印的时候才喷出。喷墨式打印机由于有着良好的打印效果和较低价格的特点，占据了广大中低端市场。激光式打印机是科技发展的新产物，具有质量更高、速度更快、成本更低的打印方式。

4.2.2　语音输出设备——扬声器、耳机

语音输出设备是计算机必要的外设硬件之一，通过电线与计算机主机的接口连接，用于输出计算机的声音信号。主要的语音输出设备有扬声器和耳机。

扬声器是将电信号还原成声音信号的一种装置，按照声学原理及内部结构不同，可分为倒相式、密闭式、平板式、号角式、迷宫式等几种类型，其中最主要的形式是密闭式和倒相式。密闭式音响是在封闭的箱体上装扬声器，所以效率比较低；而倒相式音响是在前面或后面板上装有圆形的倒相孔，具有灵敏度高、能承受的功率较大和动态范围广的特点，如图 4-21所示。

耳机接收媒体播放器所发出的电讯号，利用贴近耳朵的扬声器将其转化成可以听到的声波。耳机一般是和媒体播放器分离的，通过电线连接。相比于扬声器的功放，耳机可以让用户在不影响旁人的情况下尽情享受音乐、观看视频等。耳机的种类很多，按照佩戴方式来分，可以分为入耳式、头戴式和耳塞式；按照结构来分，可以分为封闭式、开放式和半开放式；按照与媒体播放器设备的连接方式来分，可以分为有线耳机和无线耳机。耳机是计算机和移动设备不可缺少的硬件设备之一，随着用户对耳机要求越来越高，耳机的发展也十分迅猛，目前市场上的耳机除了有语音输出功能外，还有无线传输等功能，如图 4-22 所示。

图 4-21　扬声器

图 4-22　耳机

4.3 三维辅助设备——三维鼠标、头戴式设备

　　三维的交互不同于二维交互，不局限于二维的窗口、图标、光标等，三维交互是为了克服传统二维交互的限制而发展起来的，为人机之间构造一种自然直观的三维交互环境。在人机三维交互中，离不开三维辅助设备，本节主要介绍的三维设备是三维空间跟踪定位器、数据手套、三维鼠标和头戴式显示器。

1. 三维空间跟踪定位器

　　空间跟踪定位器是用于空间跟踪定位的装置，能够实时地监测物体空间的运动。空间跟踪定位器通过六个自由度来描述物体的位置，即在 X、Y、Z 坐标上的位置，以及围绕 X、Y、Z 周的旋转值。三维空间传感器被检测的物体必须是无干扰的，即无论传感器采用什么样的原理和技术，都不应该影响被检测物体的运动，成为"非接触式传感器"。三维空间跟踪定位器，目前一般与虚拟现实设备结合使用，被安装在数据手套和头盔显示器上。在虚拟现实的应用中，要求空间跟踪定位器定位精准、位置修改速率高和延时低，如图 4-23 所示。

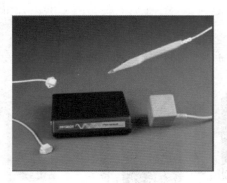

图 4-23　三维空间跟踪定位器

2. 数据手套

数据手套是一种多模式的虚拟现实硬件，一般由很轻的弹性材料构成，配置有位置、方向传感器和一组有保护套的光线导线。结合软件编程，用户可以佩戴数据手套，使用抓取、移动、旋转等手势作为输入与计算机系统进行交互。数据手套按照功能来分，有虚拟现实数据手套和力反馈数据手套。虚拟现实数据手套允许用户在虚拟现实中使用手势控制虚拟场景，力反馈数据手套借助触觉反馈，让用户对场景中的物体有真实的"触觉"，如图 4-24 所示。

图 4-24　数据手套

3. 三维鼠标

三维鼠标，也称为三维交互球，是虚拟现实场景中重要的交互设备，能够感受到用户在六个自由度的运动，包括三个平移参数和三个旋转参数。三维鼠标类似于摇杆加上若干按键的组合，在视景仿真开发中，用户可以很容易通过程序，将案件和球体的运动赋予三维场景和物体，实现三维场景的漫游和仿真物体的控制，如图 4-25 所示。

4. 头戴式显示器

头戴式显示器是一种立体图形显示设备，可单独与主机连接以接收来自主机的三维虚拟现实场景信息。头戴式显示器通过一组光学系统放大超微显示屏上的图像，将影像投射于视网膜上，

图 4-25　三维鼠标

进而呈现于用户眼中的大屏幕图像，用户通过头戴式显示器，对虚拟场景有"身临其境"的体验效果。头戴式显示器目前已经广泛运用于虚拟现实中，建筑师可以通过显示器看到虚拟全景的建筑物，医生可以通过显示器看到虚拟全景的手术台并进行手术模拟，如图 4-26 和 4-27 所示。

图 4-26　头戴式显示器 a

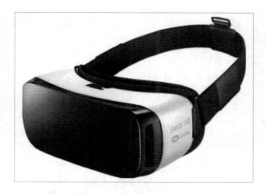

图 4-27　头戴式显示器 b

第 5 章

软件的生命周期

软件的生命周期是软件从产生直到报废或停止使用的周期，对于界面设计来说，生命周期则是界面的设计产生到停止使用的生命周期。本章从软件开发生命周期模型出发，基于界面设计与软件开发的关系，阐述界面设计的生命周期。

5.1　软件开发生命周期模型

软件开发生命周期模型常称为软件生存周期模型，是一个软件产品在设计、开发、运行和维护中有关过程、活动和任务的框架，这些过程、活动和任务覆盖了整个软件产品开发的生命周期，从需求获取到产品终止。常见的软件开发生命周期模型有编码修正模型、瀑布模型、V 模型、增量模型、演化模型、螺旋模型、统一软件工程过程模型等。本节重点介绍瀑布模型、螺旋模型和统一软件工程过程模型。虽然软件开发生命周期模型较多，但它们都有共同的特征。

- 描述了开发的主要阶段。
- 定义了每一个阶段要完成的活动和任务。
- 规范了每一个阶段的输入和输出。
- 提供了一个可以把必要的活动都映射其中的框架。

5.1.1　瀑布模型

瀑布模型是典型的软件开发生命周期模型，在第 2 章的图 2-1 中我们看到，瀑布模型包括了需求分析、设计、编码、测试、运行与维护六个阶段，其中设计包括了架构设计和详细设计，测试有单元测试、集成测试、系统测试和验收测试。瀑布模型中，一个开发阶段必须在另一个开发阶段开始之前完成，并且每个阶段都要有明确的提交输出产品，如需求阶段的需求规格说明书、设计阶段的系统设计说明书、开发阶段的实际代码、测试阶段的测试用例和最终的产品。

瀑布模型是第一个被完整描述的过程模型，是其他过程模型的鼻祖，并且瀑布模型容易理解，管理成本较低。瀑布模型中的一个阶段都是通过文档传递到下一个阶段的，所以原则上瀑布模型的每一个阶段不连续也不迭代，开发人员可以在项目的最开始制定计划，以此降低管理成本。瀑布模型在软件生命周期结束前不提交有形的软件成果，但是每个阶段都会有文档的产生，来对开发进展过程进行充分说明。由于瀑布模型的每个阶段不连续也不迭代，所以在一开始做需求分析时，客户必须完整、正确、清晰地表达需求，这一点在实际的开发过程中很难做到，并且瀑布模型需要花大量的时间来进行文档的建立，在项目开始的两三个阶段中，很难评估真正的开发进度，在项目快结束的时候，会出现大量的集成和测试工作。因此瀑布模型适用于有稳定的需求定义和很容易理解的隶书方案的软件产品。

瀑布模型是软件生命周期模型研究人员提出来的第一个模型，在软件工程中占有重要地位，提供了软件开发的基本框架，是传统过程模型的典型代表，因为管理简单，所以常常被选为合同上的开发模型。

5.1.2　螺旋模型

螺旋模型是一种以风险为导向的生存周期模型，由 Boehm 根据系统包含的风险看待软件开发过程提出的，把开发活动与风险控制结合起来，如图 5-1 所示。在螺旋模型中，开发工作是迭代完成的，只要完成了一个开发的迭代，就会开始下一个迭代。图中的每一个圈都是一个瀑布模型，即螺旋模型是把瀑布模型作为一个嵌入的过程。螺旋模型沿着螺线进行若干次迭代，图中的四个象限代表了制定计划、风险分析、实施工程和客户评估四项活动。

- 制定计划：确定软件产品的目标，选定实施方案并弄清项目开发的各项限制。
- 风险分析：对项目方案进行评价，考虑如何识别风险和规避风险。
- 实施工程：对软件产品进行开发，验证下一级产品。
- 客户评估：评价这一段开发工作，提出修正意见，制定下一步的计划。

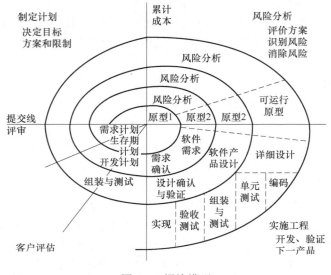

图 5-1   螺旋模型

螺旋模型强调风险分析，在每一阶段开始前，都必须进行风险评估，越早期的迭代过程成本越低，规划概念比需求分析的代价低，需求分析比设计、开发、测试的代价低，但是随着成本的增加，软件产品的风险程度随之降低。螺旋模型适合用于开发风险很大的项目，如当客户不能确定系统需求时，螺旋模型是很好的软件开发生命周期模型。

5.1.3 统一软件工程过程模型

统一软件工程过程模型（Rational Unified Process，RUP）是一个面向对象且基于网络的程序开发方法论。瀑布模型很好地解决了软件开发中"混乱"的问题，但是随着软件的应用越来越复杂，单一且线性的瀑布模型满足不了软件产品的开发需用，因此出现了螺旋模型，但在实际应用中，螺旋模型过于复杂，以至于开发者难以掌握并发挥其作用。RUP模型吸取了已有模型的优点，克服了瀑布模型过于序列化和螺旋模型过于抽象的不足，总结了软件开发过程中需要提前认知的风险，在需求管理中需要与客户达成共识等经验，并且通过过程模型提供一系列的工具、方法论、指南，为软件开发提供了指导。图5-2为统一软件工程过程模型的框架图。

统一软件工程过程模型中的软件生命周期在时间上被分为了四个顺序阶段：初始阶段、细化阶段、构造阶段和移交阶段（也称交付阶段）。每一个阶段的结尾都执行一次评估，以确定这个阶段的目标是否满足，如果评估结果符合预定的标准，那么项目可以进入下一个阶段。RUP的主要特点是以用例驱动、以架构为中心、风险驱动的迭代和增量开发的过程。

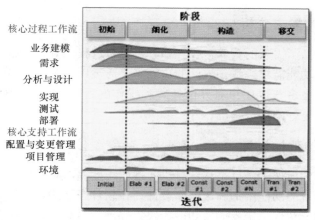

图 5-2　统一软件工程过程模型框架图

- 初始阶段：初始阶段要做的事情是确定系统的参与者和用例，对项目进行可行性分析，确定系统的目标。这个阶段主要是确定项目的风险和优先次序，并对细化阶段进行详细规划和对整个项目进行粗略计算。
- 细化阶段：这个阶段主要是解决用例、架构和计划是否足够稳定可靠的问题，使风险释放得到充分控制。细化阶段的目标是分析问题领域，建立健全的体系结构基础，体系结构包括用例模型、分析模型、设计模型等，编制项目计划，淘汰项目中最高风险的元素。
- 构造阶段：这个阶段的主要工作是集中开发产品，所有的功能都被详细测试。
- 移交阶段（交付阶段）：这个阶段主要基于用户对产品进行细微的调整，确保产品对最终用户是可用的。在生命周期这一点上，用户反馈主要集中在产品调整、设置、安装和可用性等问题上。

5.2 界面设计生命周期模型——用瀑布模型做开发

在一个软件产品的开发过程中，界面设计与实现是其中的一部分，从需求分析到最后的运行与维护，界面作为软件产品的一部分，必须参与整个软件的生命周期。因此，对于界面设计而言，界面设计的生命周期模型与软件开发的生命周期模型是一致的。本节以瀑布模型为例来解释界面设计的生命周期模型，如图 5-3 所示。

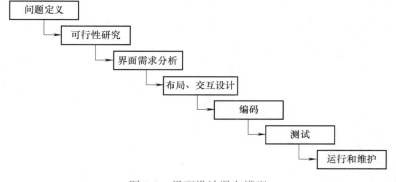

图 5-3　界面设计瀑布模型

5.2.1　界面的需求分析

需求分析活动包括了需求的获取、收集和分析三个过程。对于界面设计来说，界面的功能需求与软件产品的功能需求一致，软件的功能需要通过用户对界面的操作来体现。在需求分析中，设计人员要更多获取用户对界面样式和操作的喜好信息，了解用户的日常工作习惯，为界面设计提供更好的用户基础。

5.2.2　界面的架构设计

在软件生命周期中，架构设计是从计算机实现的角度提出满足用户需求的解决方案的过程，主要包括应用系统的功能结构和数据库设计。在软件产品的架构设计过程中，界面设计要根据应用系统的功能结构确定界面的功能模块，并确定界面实现过程中需要与数据库交互的接口。

5.2.3　界面的详细设计

详细设计是将架构设计中的子系统和模块进行进一步的设计和落实。对于界面设计而言，详细设计就是进行布局设计、图标设计、交互设计等。将界面的操作流程原型化，最好在详细设计部分得到用户界面的原型产品，便于之后开发人员的代码编写工作。

5.2.4　界面的编码

根据界面设计的原型或图纸将界面实现出来。

5.2.5　界面的测试

测试过程分为单元测试、集成测试、系统测试和验收测试。在界面实现的过程中，可以单独对界面的操作逻辑进行单元和集成测试。界面作为软件产品的一部分，需要与软件的其他部分一起参与系统测试和验收测试。

5.2.6　界面的运行与维护

在运行与维护阶段，对软件产品进行追踪，除了修复系统存在的问题外，也要根据用户的反馈对用户界面进行修改和完善。如现在很多应用程序在维护和更新后会对用户界面进行小部分的改动，使之更符合用户的视觉体验和使用习惯。

第6章

需求与图形设计

软件项目的开发包括需求分析、架构设计、详细设计、编码、测试和界面设计等基本活动。其中界面设计的基本活动包括需求获取、任务分析、确定系统信息流结构、图形界面设计和可用性检验五个部分，本章将从这五个部分展开阐述。

6.1 需求获取

当客户需要一个新的系统时，开发人员要做的第一件事不是设计系统的架构或考虑选用何种技术路线来实现系统，而是先了解客户的需求、明确客户需要系统做什么，以及以什么样的方式去完成任务，即明确系统的功能需求和非功能需求。开发人员和客户在需求方面达成一致，是任何软件开发项目的基础，也是界面设计和界面实现的基础。

6.1.1 需求获取的重要性

需求是对期望行为的表达，如果制作一个教务信息管理系统，学生可以通过该系统进行课程的选择，教师可以在该系统上对学生的成绩进行登记，这两方面的需求是站在系统的整体角度来看的。对于界面而言，需求是系统总体目标功能的描述和客户、用户期望的界面样式和交互方式的描述。假设要做一个二手交易平台，界面的其中一个需求可能是用户可以拍照上传要发布的二手商品，在这样的需求下，界面在做交互设计时就需要考虑到"摄像头"的需求。

需求获取是从系统相关人员、资料和环境中获得系统开发所需要的相关信息。但通常用户、客户与开发人员背景、立场不同，会导致沟通困难。大多数用户、客户因为缺乏概括和综合表达能力，导致在描述需求时思维发散，想到什么就说什么，以至于开发人员无法捕捉到重点信息，需求获取比较困难。表 6-1 是用户和开发人员在进行需求沟通时的情况。这些情况表明，需求的获取需要一定的方法和技术。

表 6-1　用户和开发人员沟通问题

开发人员如何看待用户	用户如何看待发开发人员
用户并不知道他们想要什么	开发人员不理解操作需求
用户不能清楚表明想要什么	开发人员不能将清晰陈述的需求转变为成功的系统
用户不能提供可用的需求陈述	开发人员对需求定义设置不现实的标准
用户提出太多含有政治动因的需求	开发人员过于强调技术
用户总想立刻实现所有需求	开发人员总是达不到要求的进度
用户不能保持进度	开发人员不能对合法变化的需要做出及时响应
用户不能对需求进行优先级划分	开发人员总是超出预算
用户不愿意妥协	开发人员总是说"不"
用户拒绝为系统负责任	开发人员试图告诉我们如何做我们的本职工作
用户未对开发项目全力以赴	开发人员要求用户付出时间和工作量，甚至影响到用户的主要职责

6.1.2 需求获取的方法

需求获取的方法主要有问卷调查、资料调研和用户面谈等。

1. 问卷调查

问卷调查是通过调查表进行的，开发人员可以自行设计关于软件功能和非功能方面需求的问题，大量印刷调查表分发给用户、客户等目标人群，当问卷回答者将问卷填写完毕后，开发人员或分析人员可以通过问卷作答的情况收集事实进行需求的获取和分析。

问卷调查提供了一种可以从大量人群中收集数据和需求的相对廉价的方法，并且大多数调查问卷可以得到快速的回答，在匿名的情况下，目标人群更愿意提供真实的信息，问卷调查得到的数据可以快速地表格化和分析。问卷调查技术也有一些不足，如不能保证回答问卷的用户数量足够多，也无法保证每一个填写问卷的人都回答了所有的问题，回答者没有机会立即澄清含糊或者不完全的回答，开发人员和分析人员也不可能观察到回答者的肢体语言，并且面面俱到的问卷很难准备。

目前随着社交软件等应用软件的发展，问卷调查的方式不局限于传统的发放纸质问卷让目标人群作答了，可以使用各种问卷调查软件在线设计问卷，再通过社交软件分享给用户、客户，问题回答完直接提交后，分析人员能直接看到结果，并且很多问卷调查软件能以图表化的方式帮助分析问卷结果。在开始界面设计之前，不仅需要了解界面要实现的功能，也要了解用户、客户的工作习惯，以用户需求为驱动，进行界面设计。

有效的调查问卷制作需要经过以下几步。

- 确定要收集的目标和收集人群，如果收集人群的数量较大，可以考虑采用抽样调查。
- 根据需要的事实和观点，确定问卷的回答方式是让目标人群自由回答还是给定选项等。
- 在编写问题时，确保问题中没有反映个人偏好，也没有语句的二义性。
- 先小范围测试这些问题，如果回答的结果有误或答案没有用，那么需要重新编写问题。
- 分发调查问卷。

以开发一个移动端的二手物品交易平台为例，可以采用调查问卷的方式获取界面需求，那么要收集的目标就是用户对界面操作交互的需求。二手交易平台的目标人群是所有使用移动设备，且需要出手闲置和想淘货的用户。关于问卷的回答方式，可以采用给定选项和自由回答相结合的方式。

2. 资料调研

资料调研是查阅历史资料、行业报告、网络等相关资讯，来判断行业趋势、把脉用户习惯，从而粗略地判别用户需求。在资料调研时，可能会接触到保密和敏感信息，如某公司保密的商业方案，资料分析员要秉持道德操守和规范，对保密材料负责，仅仅做自己分内事，不向外传阅，在道德规范的基础上进行资料的收集和调研。

需求分析员可以从现有的文档、文案中收集事实，也可以从同类产品的功能、设计和方案中逆推用户需求。还是以开发移动端的二手交易平台为例，在获取需求时，可以调研目前市场上的二手交易平台，如闲鱼和转转。图 6-1 为闲鱼首页，图 6-2 为闲鱼发布闲置商品的界面；图 6-3 为转转首页，图 6-4 为转转发布闲置商品的界面。通过研究这两个现有二手交易平台用户群体和分类、平台的操作流程、界面设计的风格、用到的交互设备、平台闪光点等，可以将调研的结果用表格列出，便于观察和需求提取。对闲鱼和转转两个二手交易平台的调研对比，如表 6-2 所示。

图 6-1　闲鱼首页界面

图 6-2　闲鱼商品发布界面

图 6-3　转转首页界面

图 6-4　转转商品发布界面

表6-2 闲鱼和转转调研对比

比较类别	闲 鱼	转 转
操作流程（发布商品为例）	1. 单击"发布"按钮 2. 选择发布 3. 选择发布商品的类型 4. 拍照或从相册中选择商品照片 5. 填写标题、商品描述和价格 6. 单击"确认发布"按钮	1. 单击"卖闲置"按钮 2. 单击"添加照片"按钮，添加商品的图片 3. 填写商品描述和价格 4. 单击"发布"按钮
设计风格	闲鱼和转转的设计风格相似，都以简约为主，布局也非常相似：首页最上方是滑动的广告、最下方是导航栏、中间部分按照内容进行分类展示	
用到的交互设备	摄像头、传声器	摄像头、传声器

资料调研方法常与问卷调查、用户面谈相结合来获取用户的需求。在与用户交谈或设计问卷之前，可以先通过资料调研了解部分用户需求，使交谈或设计的问题更有针对性，让需求获取更准确、更有效。

3. 用户面谈

与用户面谈是最常用的需求获取方法，通过面谈可以实现发现事实、验证事实、澄清事实、激发热情、让最终用户参与、确定需求以及征求想法和观点等目标。通过面谈，系统分析员可以从用户那里得到更多的反馈，也为分析者提供了激发用户自由开放回答问题的机会，分析者除了聆听用户的回答外，还可通过观察用户的肢体动作和面部表情来获取更多信息。但面谈比较耗时，并且是否成功常常取决于分析员的交际能力。面谈可能会因为用户的地理位置而变得不现实，但现在也可以采用视频会议的方式与用户进行交流。

在与用户进行面谈之前，要进行充分的准备工作，这是面谈成功的关键。如果用户发现分析人员没有准备好，可能会对这个分析者有不满情绪，导致面谈不能在一个舒适的氛围中进行，从而影响面谈的成果。在准备工作阶段，分析人员要明确自己面谈的目的，设计面谈时要问的问题，并准备一份类似于访谈流程的面谈指南，对面谈时的问题清单和每个问题的占用时间进行分配，让用户清楚面谈的流程，对每个问题都有准备，提高面谈的效率。

面谈过程的第一步是建立氛围，进行自我介绍，感谢用户百忙之中的到来，陈述面谈的目的，请求用户允许分析者在面谈期间记录面谈内容，交谈过程要谦虚，当用户阐述自己观点时要完全关注对方，眼神不要游离，营造友好的气氛。建立气氛后，可以进入面谈的主题，提出的问题应该简单、简洁，不要提出含沙射影或对答案有诱导性的问题。在提问方面，可以参考图6-5的九段式访谈步骤，从"诊断原因"到"验证方案"分三大阶段，每阶段再按照"开头""控制""确认"三个步骤逐步获取需求。在交谈中，如果用户不能提供重要的信息，也要感谢他们在百忙之中参加面谈；有时候用户不愿意提供信息，这时可以强调他们的专业对系统、界面的正面影响，可能会克服这个障碍。面谈结束时，可以询问用户对面谈的过程是否有疑问，询问是否可以在未来想到其他问题时再与用户联系，并再次感谢用户的参与。

问题需求 ↘	诊断原因	发掘影响	验证方案
开头	R1 （1）咱们谈谈，是什么令贵公司……（重复让客户头疼的问题）	T1 （4）除了您，贵公司还有其他人有类似问题吗？具体情况如何？	C1 （7）您认为需要做哪些努力来解决这个问题
控制	R2 （2）是否是因为……	T2 （5）既然这个问题让您如此……那么某某也肯定为这个问题操心不少吧	C2 （8）也许有一个解决问题的方法，您认为这种方法是否可行？
确定	R3 （3）那就是说产生这个问题（重复让客户头疼的问题）的根本原因是……	T3 （6）根据我的理解……这似乎不是一个部门的问题，而是……的问题	C3 （9）根据我的理解，假如您能够……那么您能解决您的问题

验证方案 →

图 6-5　九段式访谈步骤

6.1.3　需求获取的步骤

通常情况下，需求获取的步骤包括：收集背景资料、定义界面的前景和范围、选择信息来源、选择获取方法，并执行获取操作。

1. 收集背景资料

需求获取的目的是为了深度挖掘用户的问题，经过需求分析转化为用户的需求。因此，为了快速了解用户的业务语境和专业，需要进行背景资料的收集，以支持与用户的基础交流，避免在后续需求获取中出现误解等状况。

2. 定义界面前景和范围

通过对背景资料的收集和学习，了解用户的需求、关注点和期望，如在用户专业领域范围内的工作习惯，综合推断用户在业务中会遇到的深层问题，从而定义界面设计的前景和范围。

3. 选择信息来源

需求获取的主要来源是用户和硬数据。其中用户不仅仅是实际使用界面的用户，也包括了参与系统和界面设计决策的高层客户、对项目进行投资的用户，以及有一定影响度的其他涉众；硬数据包括用户在工作中产生的表单、报表、备忘录等，以客观的方式记录了用户的实际业务信息。在选择信息来源时，用户选择方面，需要考虑到不同类型的用户，做到覆盖面广；在硬数据选择方面，如果硬数据量大，可以使用抽样的方式，但要保证抽样的少量数据能够准确、完全地代表全部数据的相关信息。

4. 选择获取方法并执行获取操作

在了解用户的业务背景、选择好信息来源后，接下来需要一定的需求获取方法来有效地获取用户需求。需求获取的方法主要有用户面谈、问卷调查、资料收集、原型化等，这些方法可以相互组合，以便更高效地获取需求。选取方法后，执行获取操作。

6.2 任务分析

在任务分析的过程中，首先是对获得的需求进行筛选和总结，保证需求的正确性。其次分析获得的系统需求，得到用例图，用例图这一工具在界面设计中同样适用。最后根据用例图，确定界面的模块。

6.2.1 需求筛选

因为需求的来源不同，并且每个人对系统的功能和特征要求不同，可能会导致获取需求过程产生相互矛盾的需求，所以在进行任务分析之前，要对获取的需求进行检查和筛选，保证需求的高质量。以下列出了需求检查的一些标准。

- 需求是否正确：需求的正确性指的是开发人员对需求的理解是否符合用户、客户所提出的系统期望。
- 需求是否一致：需求的一致性是指需求之间没有冲突。如某个需求规定用户的查询操作要在1s内返回结果，而另一个需求规定某种情况下，用户的查询操作要在2s内返回结果，这两个需求就是不一致的。一般情况下，如果不能同时满足两个需求，那么这两个需求就是不一致的。
- 需求是否有二义性：需求的无二义性是指多个读者在阅读需求时，能够有效地解释需求，并且对需求的理解一致。
- 需求是否完备：需求的完备性是指需求需要指定所有约束下、所有状态下、所有可能的输出输入及必要行为。如二手交易平台应该描述购买某商品的用户在拍下商品后，取消订单、申请退款时会发生什么。
- 需求是否可行：需求的可行性指的是客户、用户的需求是否存在解决方案，如客户要求一个廉价的系统能承受高并发量。
- 需求是否可测试：如果需求能够通过系统最终证明是否满足，那么这个需求是可测试的。假设一个需求是用户的查询操作要迅速给出反馈，那么这个需求是不可测试的，因为"迅速"没有准确定义，我们无法定义什么样的速度叫"迅速"；而如果需求变为用户的查询操作要在1s内给出反馈，那么这个需求是可测试的。

6.2.2 需求建模

对获取的需求进行筛选后，可以使用软件工程中建模的方法来整合各种信息，为系统定义一个需求集合，进而形成初步的解决方案。用户界面的功能需求来源于系统的功能需求，因此掌握系统的需求，也就掌握了界面需要实现的功能需求，这时可以使用用例建模系统需求。

用例建模有两个输出产物：用例图和用例说明。用例图是以图形化的方式将系统描述成用例、参与者（用户）及其之间的关系，如图6-6所示。其中椭圆表示用例，代表了系统的一个单一目标，通过外部用户的观点并以他们可以理解的方式和词汇描述系统功能，如登录、注册都是用例。人形图标表示参与者，是发起或触发用例的外部用户。参与者主要分为四类：主要业务参与者、主要系统参与者、外部服务参与者和外部接收参与者。主要业务参与者是主要从用例执行中获得好处的关联人员；主要系统参与者是直接同交互、触发业务或系统事件的关联人员；外部服务参与者是响应来自用例请求的关联人员；外部接收参与者不是主要的参与者，是从用例接收某些可度量或者可观察价值的关联人员。

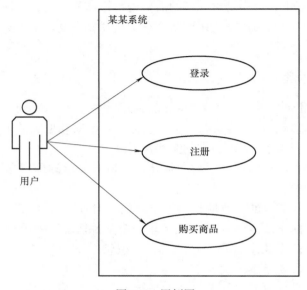

图 6-6　用例图

用例图只是简单地描述了一下系统，如果要对每一个用例有详细的描述和说明，就需要用例说明，用例说明的主要内容如下。

- 用例 ID：用例的唯一标识符。
- 优先权：用例的重要性，可以作为开发时的参考。
- 主要业务参与者：从用例执行中获得好处的关联人员。
- 简要描述：对用例角色、目的的简要概述。
- 前置条件：用例执行之前，系统必须处于的状态或满足的条件。
- 触发器：触发用例的事件，通常是一个动作。
- 典型事件过程：参与者和系统为了满足用例目标执行的常规活动序列，即每个流程都"正常"运作时发生的事情。
- 代替过程：如果典型事件过程出现异常或变化时，可以用于代替的备选用例行为。
- 结论：描述用例什么时候成功。
- 后置条件：用例执行后系统所处的状态。

根据获取到的需求，使用用例图和用例说明相结合来进行建模，可以使开发人员更好地理解问题，图 6-7 为一个二手交易平台的用例图。在这个系统里，有三类参与者：实际注册的用户、游客和系统管理员。其中游客可以通过注册成为平台用户，用户登录后可以进行商品发布、购买商品等操作，系统管理员进行商品的审核和用户信息的管理操作。表 6-3 是用户下订单的用例说明。

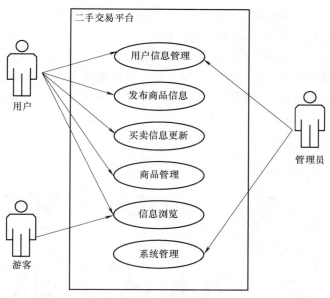

图6-7 二手交易平台用例图

表6-3 下订单用例说明

用 例 名 称	下 订 单	
用例 ID	20170824-1	
优先级	高	
主要业务参与者	交易平台已登录用户	
简要描述	该用例描述二手交易平台中已登录的用户提交一个要购买的商品订单。系统会验证用户的资料信息以及他的账号是否处于高信用状态，再验证商品是否处于待售状态，一旦验证成功，系统向用户返回订单，并向卖家返回下单用户的订单，让其发货	
前置条件	提交订单的用户需要登录	
触发器	用户单击"提交订单"按钮时，用例触发	
典型事件过程	参与者动作	系统响应
	1. 交易平台用户填写收货信息并支付成功	2. 系统验证用户信息是否在信用度范围内 3. 系统验证商品是否处于待售状态 4. 系统验证用户是否支付了商品 5. 系统记录订单信息，将订单发送至卖方 6. 订单处理完成，系统向用户发送订单反馈
代替过程	代替典型事件过程第2步：系统验证用户不在信用度范围内，发送不允许提交订单消息 代替典型事件过程第3步：系统验证商品处于不可销售状态，向用户返回订单失败消息 代替典型事件过程第4步：系统验证用户尚未支付，提醒用户支付	
结论	当用户收到订单确认时，用例结束	
后置条件	订单被记录下来，卖方收到发货提醒	

6.2.3 确定界面模块

通过需求建模，从用例图中可以看出整个系统有几个子系统和几个参与者，界面设计根据子系统和参与者划分功能模块。先划分大的功能模块，再将每一块功能层次化分析，得到每一个功能的层次结构，便于确定界面的信息流。图 6-8 为二手交易平台的界面功能模块图。根据用例图中的参与者进行模块分类，分别是游客模块、买家模块、卖家模块、管理员模块，其中将用户模块拆分成了买家和卖家，然后根据参与者的不同将用例总结成小的功能放到模块下面。通过这样的功能模块图，将用户界面的功能更直观地展示出来，便于设计时对照和参考。

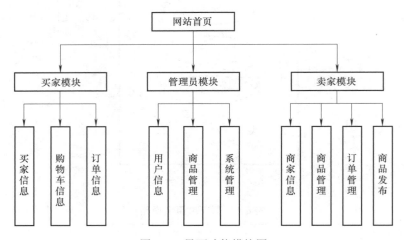

图 6-8　界面功能模块图

6.3 确定系统信息流结构

用例建模是为了进行需求分析，确定系统界面的需求，在确定信息流方面，可以从系统过程方面进行建模，从过程角度看系统的数据走向，确定系统信息流结构。系统分析最主要的过程模型是数据流图。

6.3.1 使用数据流图——机票预订系统的数据流

数据流图是一种描述系统的数据流以及系统实施的工作或处理过程的工具，表示了一个功能到另一个功能的数据流。圆形矩形表示要完成的工作或者过程，由它转换数据；正方形表示数据源或者数据的接收器，称为参与者；开放的方框表示数据存储，如文件或者数据库；箭头表示数据流。图 6-9 所示为机票预定系统的数据流图实例。

绘制系统数据流图的步骤如下。

（1）首先绘制出系统的输入和输出，即顶层数据流图。顶层流图只包含了一个加工，以表示要开发的系统，然后再考虑该系统包含哪些输入和输出数据流。顶层图的作用在于表明被开发系统的范围以及它和周围环境的数据交换关系。

（2）然后绘制系统内部，即下层数据流图，不能再分解的加工成为基本加工。一般将层号从 0 开始编号，采用自顶向下、由内向外的原则。绘制底层数据流图时，分解定测过流图的系统为若干个子系统，决定每个子系统间的数据接口和活动的关系。最后将其连接起来，完成数据流图的绘制。

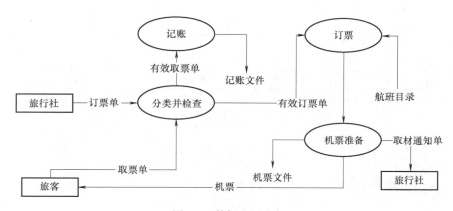

图 6-9 数据流图实例

数据流图提供了关于系统高层的功能，以及各种加工之间数据依赖关系的直观模型。数据流图显示了数据通过系统的流程。图中的箭头表示了数据可以沿着流动的通路，一般情况下没有循环和分支。数据流图可以展示具有不同定时的动态过程，如每小时、每天、每周。虽然数据流图能很清楚地看出整个系统数据流的走向，但是对于不太熟悉建模的开发人员来说，数据流图反而是含糊不清的，尤其是当解释一个具有多个输入流的数据流图加工的方式有很多种：系统的该功能需要所有的输入，还是只需要其中一个输入？解释一个具有多个输出流的数据流图也是不明显的。由于这些原因，数据流图最好是由熟悉该领域的人进行建模和使用，并且是作为大框架的模型使用，数据流的细节并不重要。

6.3.2 过程分解——商品交易的过程分解

分解是将一个系统分解成它的组件子系统、过程和子过程的行动。在界面设计中，过程分解是将页面需要实现的功能按照页面交互的过程进行分解，用分解图表示，比较简单的过程分解可以用流程图表示。分解图也称为层次图，显示了一个用户界面自顶向下的功能分解和结构。以下规则可运用于分解图。

- 分解图中每个过程、要么是父过程，要么是子过程，或者两者都是。
- 父过程必须有两个或者多个子过程，单个子过程无法揭示系统的任何额外细节。
- 在大多数的分解图中，一个子过程只有一个父过程。
- 一个过程可以是父过程，也可以是子过程。

使用分解图，可以一目了然地展示页面的整个功能层次模块，图 6-10 为在二手交易平台界面进行功能模块划分的基础上，对卖家模块中商品管理的分解图。在商品管理模块中，卖家进入自己的主页，选择商品（选择商品操作中包括查询商品、增加商品、删除商品和修改商品），操作完成后进行确认，完成商品管理。

分解图不包含箭头，表示的是系统界面的功能结构，而不是流程，连线也没有命名，都具有同样的隐含意思："由……构成"。例如，选择商品由查询商品、增加商品、删除商品和修改商品四个过程构成。分解图能够使设计人员清楚地看出界面的层次结构，通过对界面过程的分解，理解整个界面的交互流程，使用流程图来展示每一个功能的操作步骤，确定整个界面的信息流结构。

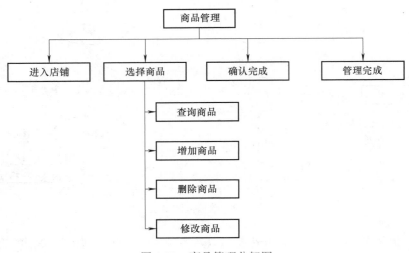

图 6-10　商品管理分解图

6.4 图形界面设计

在确定了用户的需求、产品的目标、系统的架构和信息流后，接下来要对产品进行图形界面设计。图形界面是整个产品的"门面担当"，用户通过界面与系统进行交互，系统的核心功能也要通过界面进行表达。优秀的图形界面能将系统功能完整地融合在界面中，并能使用户接受它、使用它。图形界面设计在整个用户界面设计中处于承上启下的地位，并对整个产品的用户体验舒适度起到决定性的作用。图形界面设计传达的对象不仅仅是图像，设计的范围也不只是图像的设计，而是文字、符号、图像等信息的集成。

6.4.1 版面设计

构图与布局是界面设计的一种艺术，是通过操纵用户在界面上的注意力来完成对含义、顺序和交互发生点的传达，即构图与布局通过有组织的编排创造清晰的视觉流程，让用户通过视觉流程的引导一步一步了解界面的具体内容。构图与布局为文字和图形提供框架，在设计的过程中要遵循以下原则。

- 相邻性：由于用户会将相邻的物体关联在一起，所以构图时将有关系的物体相邻摆放在一起，有利于用户快速熟悉界面。
- 相似性：用户会将相同大小、颜色、形状的元素关联在一起，所以构图时将相同的元素放在一起，减少用户认识界面的时间和难度。
- 连续性：由于用户的眼睛想要看到对齐或者更小元素组成的连续线条和曲线，所以构图与布局时要将元素对齐。
- 封闭性：用户希望看到简单封闭的区域，如矩形和大块空白，由于用户对界面元素的分组往往看上去组成了封闭的区域，所以在构图和布局时，尽量将元素组成某个形状，加强封闭效果。

图 6-11 的支付宝界面布局，就是根据以上四个原则设计出的布局样式。

图 6-11　支付宝界面布局

6.4.2　文字设计

　　文字设计是将文字按照一定的设计规范和艺术规律进行修饰处理的过程。文字的设计主要包括字体、大小和颜色三个方面。在视觉设计中，文字的字体不一定需要统一，可以根据不同的需求更改字体，但不能因为突出个性而使字体杂乱无章，还是需要有一个主要使用的文字字体。目前中文一般用宋体、微软雅黑等通用字体，英文主要采用 Arial、Verdana 等字体。图 6-12 ~ 图 6-15 为目前常用的字体。在设计中最好使用系统自带的字体，这样方便在开发时能最大程度还原文字字体的设计效果。文字的大小也是文字设计的一部分，在设计中，通常重点的部分会将字体放大，达到醒目的效果。文字的颜色为了迎合整体设计的一致性，一般选择与设计风格相同的标准色或衍生色。文字设计通过字体、大小和颜色的配合，使重点信息快速传达到用户眼里。图 6-16 为某购物网站兰蔻的广告宣传图，通过采用不同大小和颜色的文字来传达品牌理念。

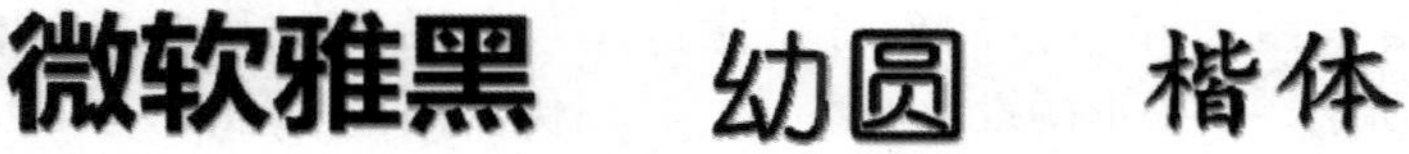

微软雅黑　　幼圆　　楷体

图 6-12　部分常用中文字体 a

仿宋体　　黑体　　宋体

图 6-13　部分常用中文字体 b

Calibri   Arial   Helvetica

图 6-14   常用英文字体 a

Tahoma   Verdana   Trebuchet MS

图 6-15   常用英文字体 b

图 6-16   兰蔻宣传图

6.4.3   图形设计

图形设计包括图像和图标等的设计。在界面中，所有物体都具有形状，如使用的图标、控件，甚至界面的背景图都是不同形状的物体。从认知角度来说，人对不同图形的感知是不同的，如人看到锋利的刀状图形会感到紧张，看到圆形的图形会感到亲切。因此在不同的应用场景下，图形的设计也不同。如在商务邮件收发系统中，界面所使用的图形元素和控件以简单为主，且都是弱装饰性，主要将焦点放在邮件处理的任务上，以清晰、简洁的风格传达界面的目的，提高用户的信任度，如图 6-17 和 6-18 所示；在游戏界面设计中，用户不希望在游戏中体验到枯燥无味的感觉，因此界面的图形设计会相对复杂，让用户充满兴趣去探索有趣的图形，再结合图像和图标的设计，使得用户在使用过程中感到愉快和亲切，如图 6-19 ~ 图 6-21 所示。以图形的设计为载体，将图像和图标呈现在界面上，不仅可以增加界面的美观性和趣味性，还可以增加用户使用界面的好感度。

图 6-17　163 邮箱登录界面

图 6-18　163 邮箱首页

图 6-19　王者荣耀游戏首页

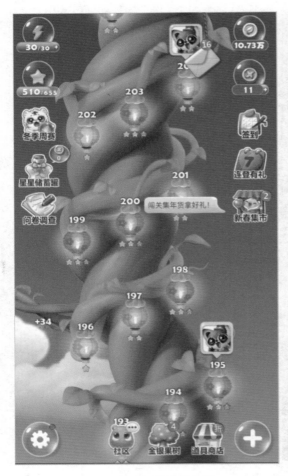

图 6-20　开心消消乐界面　　　　图 6-21　纪念碑谷游戏界面

6.4.4　色彩设计

　　人眼在获取信息时，色彩是最直接影响人情感的要素。如在生活场景中红色代表危险，所以红灯表示暂停，消防设施大都使用红色作为标志；蓝色和绿色代表安全，所以绿灯表示通行，安全食品大都使用绿色作为标志。界面设计中，色彩的设计和搭配能凸显产品的个性，也是提升用户好感度的关键。关于色彩的搭配以及在设计中的应用，绘画大师们已经研究了几个世纪，界面设计中的色彩搭配没有标准答案，但是要避开不合适的色彩设计。如不要使用红色和绿色来区分重要的元素，因为很多色盲患者看不到他们的区别；不要在明亮的红色和橙色背景上显示蓝色的小字，或者反过来，因为人眼不容易阅读这两种互补色。不同的色彩搭配能够体现出产品不同的风格，以冷色调为主的界面，通常应用于商务产品或者比较严肃、保守的产品，例如图 6-22 中图知网的首页和图 6-23 网易新闻的首页。暖色调和高饱和的颜色给人亲切、明亮、有力、温暖的感觉，通常应用于娱乐、消费等产品，例如图 6-24 淘宝网的首页和图 6-25 网易云音乐的界面。

图 6-22　中国知网首页

图 6-23　网易新闻首页

图 6-24　淘宝网首页

图 6-25　网易云音乐界面

6.5 可用性检验

　　用户界面的可用性检验是把界面的软硬件系统按照其性能、功能、界面形式、可用性等与某种预定的标准进行比较,对其做出检验结果。对于用户界面的可用性,可以从界面的功能检验、界面的效果检验和界面的问题诊断三个方面进行检验。

　　界面的功能检验即检查界面是否实现了需求分析时所归纳的用户需求,用例图里的功能是否都在界面中有所体现,是否能够运行成功。界面的效果检验即界面在实现了功能的基础上,在布局、色彩搭配等视觉和用户体验上是否达到了某种标准,例如视觉设计是否有艺术感、用户在使用中能否感到轻松愉悦、交互设计是否符合用户的工作和使用习惯。界面的问题诊断即通过对界面功能和效果的检验,发现界面存在的问题,对问题进行诊断和解决。用户界面的问题诊断贯穿整个界面设计的可用性检验过程,通过不断发现和解决问题来完善用户界面。

第 7 章

交互式设计之Axure RP

界面的图形设计结束后,一般需要根据图纸进行界面的原型制作,即进行交互式设计。目前市场上有很多交互式设计工具,本章通过丰富的案例和图片说明,着重介绍如何使用 Axure RP 工具进行交互式设计。

7.1 认识 Axure RP

Axure RP 是一个专业的快速交互式设计工具，是美国 Axure Software Solution 公司的旗舰产品。使用该工具可以让负责定义需求和规格、设计功能和界面的专家能够快速创建应用软件或 Web 网站的线框图、流程图、原型和规格说明文档。作为专业的原型设计工具，Axure RP 能快速、高效地创建原型，同时支持多人协作设计和版本控制管理。

Axure RP 目前被很多大公司采用，成为创造成功产品必备的原型工具，其主要使用者包括商业分析师、信息架构师、可用性专家、产品经理、IT 咨询师、交互设计师等。Axure RP 作为基于 Windows 的原型设计工具，既可以设计手机端原型界面，也可以设计网页端的原型界面，从而让用户轻松绘制流程图，快速设计原型页面组织的树状图。Axure RP 具有强大的函数库和逻辑关系表达式，只需要一点编程基础便可以轻松制作出任何交互演示效果，并且可以自动输出 Word 说明文档。除此以外，Axure RP 可以轻松实现跨平台演示，不仅能在苹果系统上演示，也能很方便地在安卓平台上演示。

Axure RP 的工作环境如图 7-1 所示，主要由十个部分组成：①菜单栏，用于执行常用操作，如打开文件、新建文件等；②快捷工具栏，常用的工具都以图标形式放置在快捷工具栏中，便于操作；③站点地图面板，对所设计的页面（包括线框图和流程图）进行添加、删除、重命名和组织页面层次等操作；④部件面板，该面板包含线框图部件和流程图部件，另外，我们还可以通过载入已有的部件库（ * – rplib 文件）来创建自己的部件库；⑤母版面板，一种可以复用的特殊页面，在该面板中可进行模块的添加、删除、重命名和组织模块分类层次等操作；⑥页面制作区，也称为线框图工作区，是进行原型设计的主要区域，在该区域中可以设计线框图、流程图、自定义部件和模块；⑦页面属性面板，包括"页面注释"、"页面交互"和"页面样式" 3 个选项；⑧部件交互和注释面板；⑨部件属性和样式面板；⑩部件管理面板。

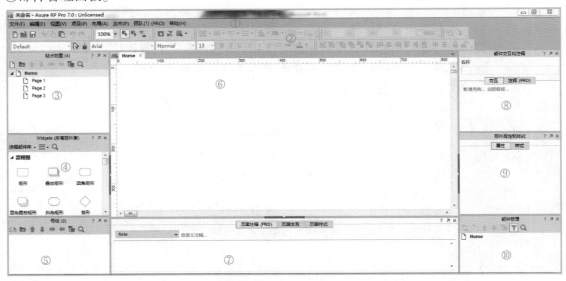

图 7-1　Axure RP 主界面

在实际运用中，用户可以根据自己的需要在主界面中显示或隐藏不需要的面板，具体操作方法是：在"视图"菜单栏的"功能区"子菜单中，通过勾选或取消勾选相应的复选框，来显示或隐藏相应的面板，如图 7-2 所示。

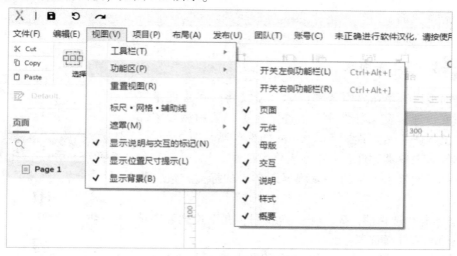

图 7-2 面板调整

Axure RP 包含了三种不同的文件格式：.rp 文件、.rplib 文件和 .rpprj 文件。其中 .rp 文件格式是设计时使用 Axure 进行原型设计时所创建的单独文件，也是创建新项目时的默认格式；.rplib 文件格式是自定义部件库文件，可以通过网络下载 Axure 部件库使用，也可以自己制作自定义部件库；.rpprj 文件格式是团队协作的项目文件，通常用于团队中多人协作处理一个比较复杂的项目。当然，在个人制作复杂项目的时候也可以选择 .rpprj 文件格式，因为该文件允许随时查看并恢复到任意的历史版本。

7.2 Axure RP 详解

本节将通过对 Axure RP 主界面各功能模块的介绍，来对 Axure RP 的功能进行阐述。

7.2.1 站点地图面板区

站点地图面板区用于创建和管理页面，包括线框图页面和流程图页面。在 Axure RP 中，添加页面的数量是没有限制的，若页面数量非常多，强烈建议使用文件夹进行管理。页面是 Axure 中的顶级元素，新建一个 Axure 项目后，会在默认的站点地图区域创建一个首页和三个子页面，用户可以删除这些页面，也可以在此基础上对页面进行修改。

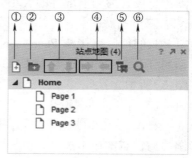

在站点地图面板中，用户可以根据图 7-3 的标注进行以下操作。

（1）创建新页面。

（2）创建文件夹，对页面进行分类。

图 7-3 站点地图面板

（3）使用上下箭头移动页面位置，改变页面排序。

（4）使用左右箭头管理页面的层级关系，这种层级关系只是一种视觉表示，并非页面内容上的层级逻辑关联。

（5）删除页面。

（6）搜索页面。

7.2.2 部件面板区

部件面板区有 Axure 内置部件库，可以导入和管理第三方部件库或管理自定义部件库。部件区还可以使用流程图部件，创建流程图、站点地图等，Axure 的部件默认分为三类：常用类部件、表单类部件、菜单和表格类部件。

在部件区面板中，用户可以根据图 7-4 的标注，进行以下操作。

① 是单击"选择部件库"下三角按钮，在下拉列表中选择想要使用的部件库选项。

② 是单击该"按钮"，可以选择已经下载好的部件库，创建或者编辑自定义部件库。

③ 是单击该按钮，可以搜索部件。

Axure 中内建的部件分别有着不同的属性、特性和局限性，下面对这些基础部件的应用进行介绍。

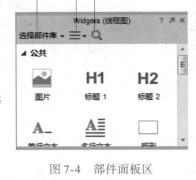

图 7-4　部件面板区

1. 图片

图片部件可以用来添加图片和插图，从而直观地显示设计理念和产品等。对于图片部件，我们可以执行导入、粘贴、添加和编辑文字等操作，如图 7-5 所示。

图 7-5　图片部件

（1）导入图片

Axure 支持的常见图片格式有 GIF、JPG、PNG 和 BMP。拖放一个图片部件到设计区域并双击，可以导入图片。当出现对话框询问是否自动调整图片大小时，单击"是"按钮，表示将图片设置为原始大小，单击"否"按钮表示图片将设置为当前部件的大小，如图 7-6 所示。

（2）粘贴图片

我们可以直接从 Photoshop 或其他图片设计编辑工具中将图片复制粘贴到 Axure 中，如图 7-7 所示。

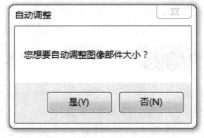

图 7-6　图片大小调整提示

（3）添加和编辑文字

将图片导入到 Axure 后，我们可以根据需要为导入的图片添加和编辑文字。双击导入的图片后，右键单击图片，选择"编辑文字"命令，即可为文字进行颜色、大小、字体样式等设置，如图 7-8 所示。

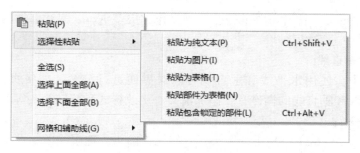

图 7-7　执行图片粘贴操作

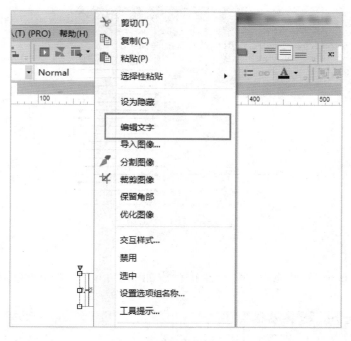

图 7-8　添加和编辑文字

（4）更改图片的透明度

在部件样式面板的"不透明度"数值框中输入百分比的值，即可更改图片的不透明度，如图 7-9 所示。

图 7-9　更改照片透明度

以上介绍了 Axure 中图片部件的一些基础操作, 更多 Axure 图片部件的应用, 用户可以自行在 Axure RP 中进行探索。

2. 水平线和垂直线

在原型界面中, 使用水平线和垂直线可以对界面进行分解, 如将页面分为 Header 和 Body。对于水平线和垂直线的操作有: 添加箭头、更改样式和旋转箭头等。

(1) 添加箭头

线条可以通过 Axure 工具栏中的箭头样式转化为箭头。选中线条, 在工具栏中单击箭头样式下拉按钮, 在下拉列表中选择合适的箭头样式, 如图 7-10 所示。

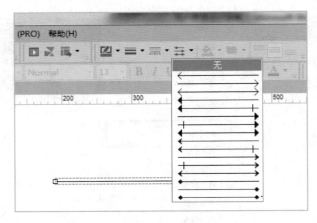

图 7-10　选择箭头样式

(2) 更改样式

我们可以在 Axure 工具栏中, 对线条执行添加颜色、改变宽度和添加样式等操作, 如图 7-11 所示。

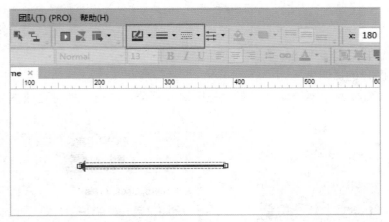

图 7-11　更改线条样式

(3) 旋转箭头

在 Windows 系统中按住 Ctrl 键、在 MacOS 中按住 Cmd 键的同时, 将先标悬停在线条末尾进行拖拽, 即可旋转箭头。也可以在部件样式面板中通过旋转角度的设置, 来旋转箭头。

3. 图片热区

图片热区是一个不可见的层，这个层可以放置在任何区域之上并在图片热区部件上添加交互。图片热区部件通常用于自定义按钮或者给某张图片添加热区。

4. 动态面板

动态面板是一个可以容纳其他部件的容器，并且可以在多个状态之间进行切换。动态面板可以设置成自适应内容，即根据内容来自动调整大小。将动态面板设置成100%宽度时，生成的HTML原型会在浏览器中以100%宽度展示，对于带有背景图的网页非常实用。在动态面板中所有的部件都可以直接设置隐藏，而不一定要通过动态面板实现。在实际的工程项目中，动态面板是使用最多的部件之一，如图7-12所示。

图7-12 动态面板部件

5. 动态面板状态

动态面板可以包含一个和多个状态，并且每个状态中都可以包含多个其他部件，但是每个状态只能在同一时间显示一次，使用交互可以隐藏和显示动态面板或设置当前面板状态的可见性。

（1）编辑动态面板状态

在编辑动态面板时，可以看到浅蓝色轮廓区域，表示在动态面板中只能看到蓝色区域的内容。编辑动态面板状态中部件的操作，与平时拖拽部件是一样的。如果添加的部件大小超过了动态面板的大小范围，需要使用添加滚动栏或者勾选"调整大小以适合内容"复选框，使动态面板的尺寸与面板中的部件尺寸相适应，如图7-13和图7-14所示。

图7-13 动态面板大小范围

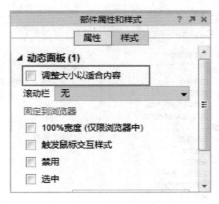

图7-14 更改动态面板大小以适应内容

（2）添加动态面板状态

在默认状态下，动态面板状态里面是空的，因此需要添加部件到动态面板状态中。在设计区域双击动态面板，或者在部件管理器中双击"动态面板状态"，在弹出的对话框中可以添加、删除、重命名、复制或打开编辑动态面板状态，如图7-15所示。

6. 动态面板交互

在设计区域中添加一个动态面板部件后，可以添加用例来给动态面板添加交互效果。在动态面板的交互中，可以对动态面板进行状态设置或设置动态面板的属性等。

（1）设置动态面板状态

创建一个多状态的动态面板，并使用设置面板状态动作设置动态面板到指定状态，在

"用例编辑器"对话框中选择动作并在页面列表中选择状态。在这个动作中可以同时设置多个动态面板状态选择，如图 7-16 所示。

图 7-15   "动态面板状态管理"对话框

图 7-16   设置动态面板状态

（2）设置动态面板属性

在"用例编辑器"对话框中，可以对动态面板的属性进行设置。"进入时动画"／"退出时动画"参数用于设置动态面板切换状态时的过渡效果，例如淡入、淡出等；如果指定的动态面板是隐藏的，则勾选"显示面板（如果隐藏）"复选框，会在执行动态面板状态设置的时候显示该动态面板；勾选"展开/收起部件"复选框，会使动态面板下面或右侧的部件自动移动，用于展开和折叠内容；选择"隐藏/显示"动作选项，可以显示或隐藏动态面板的当前内容，如图 7-17 ~ 图 7-19 所示。

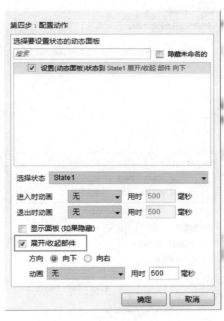

图 7-17　显示动态面板　　　　　　　　　　图 7-18　展开/收起部件

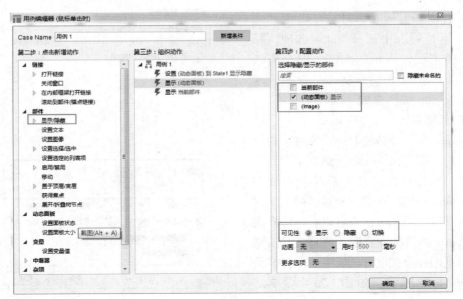

图 7-19　显示/隐藏动态面板

（3）循环状态

在动态面板的"选择状态"下拉列表中选择循环状态，勾选"从最后一个到第一个自动循环"复选框，允许动态面板状态进入循环状态，当到达最后一个状态时，面板会设置到第一个状态，从而实现无限循环；勾选"循环间隔"复选框，并设置循环间隔的值，可以在上下两个状态切换时添加间隔，如图 7-20 所示。选择"选择状态"为"停止循环"选项，可以停止动态面板的自动循环，如图 7-21 所示。

图 7-20　设置循环状态

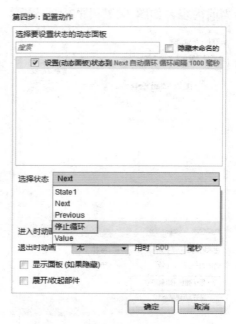

图 7-21　停止循环状态

（4）Value 值

在设置动态面板状态时，可以在"选择状态"下拉列表中选择 Value 选项，只用 Value 值来设置面板的状态，但是值必须和想要显示的动态面板状态名称一致才可以正确显示，如图 7-22 所示。

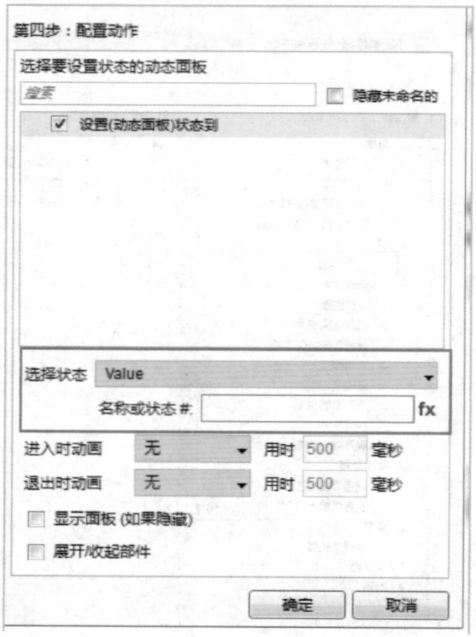

7. 内部框架

在 Axure 中，外部的 HTML 文件、视频和地图等内容都可以嵌入到内部框架中。操作方法是：直接拖拽内部框部件到设计区域，双击内部框架，在弹出的对话框中指定内容在内部框架中显示；也可以在内部框架中添加 Axure 内置的预览图片或自定义预览图片，预览图片会在设计区域中显示，但是不会在原型中显示，如图 7-23 ~ 图 7-25 所示。

图7-22　使用 Value 值来设置面板状态

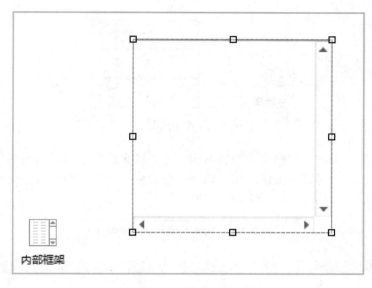

图 7-23 内部框架部件

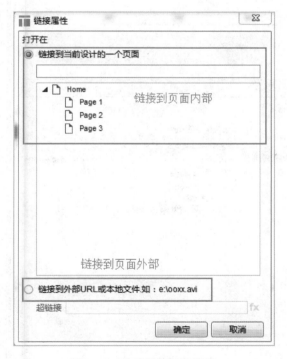

图 7-24 内部框架链接属性

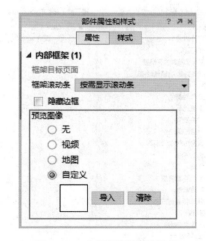

图 7-25 内部框架属性设置

8. 中继器

中继器部件是 Axure 7 新增的功能，用于对文本、图片、链接等进行重复显示，适用于商品列表、联系人列表、交易列表等。使用中继器可以进行数据集编辑、交互添加和文本框编辑等操作，如图 7-26 所示。

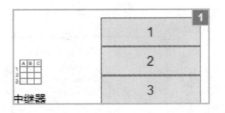

图 7-26   中继器部件

中继器部件是由中继器数据集中的数据项填充,填充的数据项可以是图片、文本或者链接。双击中继器部件,可以在页面底部看到中继器数据集。在中继器项目交互中,可以添加用例来进行数据填充,如图 7-27 和图 7-28 所示。

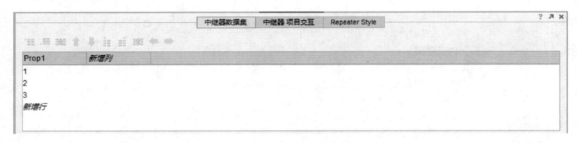

图 7-27   中继器数据集

图 7-28   中继器用例编辑

9. 下拉列表

下拉列表是界面设计中经常用到的元素之一，常用来进行地址选择、性别选择等设计。具体操作是：将下拉列表部件拖拽到设计区域中，双击下拉列表打开编辑选项，然后对下拉列表中的项目执行添加、删除和排序等操作。在属性设置部分可以进入下拉列表，如图7-29～图 7-31所示。

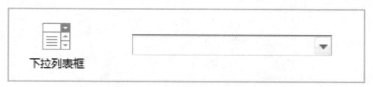

图 7-29　下拉列表部件

图 7-30　下拉列表选项编辑

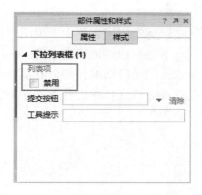

图 7-31　下拉列表选项禁用

10. 列表选择框

下拉列表也可以用列表选择框来代替，在设计中，将列表选择框部件拖拽至设计区域即可。对于列表选择框的项目添加、删除等操作都与下拉列表一致，但列表选择框可以设置允许多项选择，如图7-32 和图 7-33 所示。

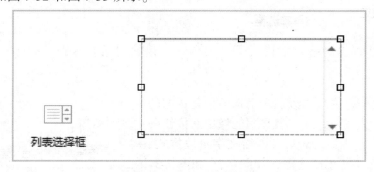

图 7-32　列表选择框部件

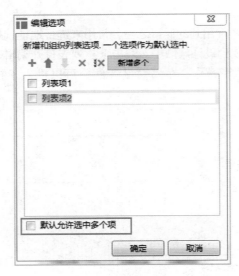

图 7-33 列表选择框选项编辑

11. 单选按钮

单选按钮通常用于表单中，为用户提供触发页面上的交互或者被存储的变量值跨页交互等选择。将单选按钮添加到组中后，一次只能将一个单选按钮设置为选中的状态。在默认情况下，单选按钮是启动的，可以在属性面板中勾选"禁用"复选框来禁用该按钮。单选按钮可以在设计区域直接单击变为选中状态，也可以在属性面板中勾选"选中"复选框来进行设置，如图 7-34 和图 7-35 所示。

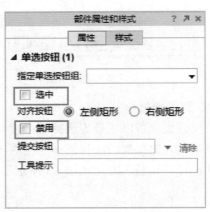

图 7-34 单选按钮部件

图 7-35 单选按钮的"选中"和"禁用"

12. 复选框

复选框常用来允许用户添加多个选项。复选框的编辑和设置与单选按钮一致，但是不能像单选按钮一样指定单选按钮组。复选框只可以给文字更改样式，即在动态面板中自定义复选框，如图 7-36 和图 7-37 所示。

图 7-36 复选框部件

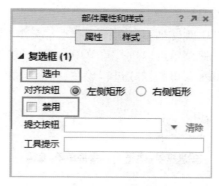

图 7-37　复选框的"选中"和"禁用"

13. 提交按钮

HTML 按钮是页面原型设计的提交按钮，格式取决于操作系统的浏览器。提交按钮的填充颜色、边框颜色等样式都被禁用了，生成原型后在浏览器中会使用内建的样式，无法设置如选中时或鼠标悬停时等的交互样式，如图 7-38 所示。

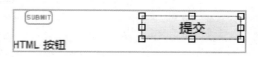

图 7-38　提交按钮部件

14. 表格

表格部件用于在原型当中添加表格元素。在设计中，直接拖拽表格部件到设计区域即可。要想添加或删除行/列，则在单元格中单击鼠标右键，在弹出的快捷菜单中进行选择所需的命令。表格中的单元格可以设置交互样式，如鼠标悬停时、鼠标按下时等，操作方法是：鼠标右键单击单元格，然后在部件属性面板中进行交互样式设置，如图 7-39 ~ 图 7-41 所示。

图 7-39　表格部件

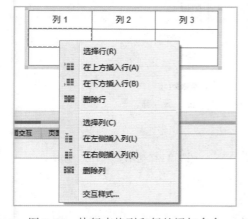

图 7-40　执行表格列和行的添加命令

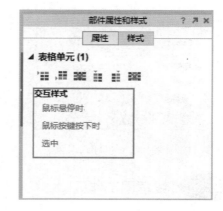

图 7-41　表格部件交互样式设置

15. 菜单

　　使用菜单部件可以在原型中跳转到不同页面，有水平菜单和垂直菜单两类。将菜单部件拖拽至设计区域，使用右键快捷菜单可以进行菜单项的新增和删除，也可以新增子菜单。在工具栏或是样式面板中，可以对菜单的样式进行设置，在属性面板中可以添加菜单的交互，如图7-42～图7-47所示。

图 7-42　菜单部件

图 7-43　水平菜单

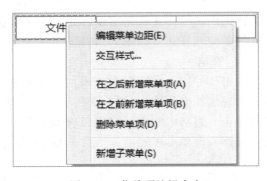

图 7-44　垂直菜单　　　　　　　　　　　图 7-45　菜单项编辑命令

图 7-46　菜单样式编辑

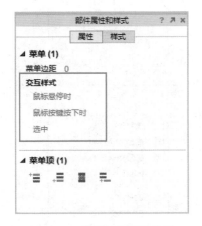

图 7-47　菜单交互样式编辑

7.2.3　线框图工作区

　　使用 Axure 进行原型设计时，所有的部件都要在线框图工作区中进行创建和编辑，在线框图工作区中可以同时打开多个线框图页面，在 Tab 标签上会显示线框图的名称，拖拽 Tab 页签可以调整左右顺序，如图 7-48 所示。Tab 下拉列表中列出了当前打开的所有线框图，方便快速查找想要的线框图，也可以在这个下拉列表中关闭当前线框图和所有线框图，如图 7-49 所示。

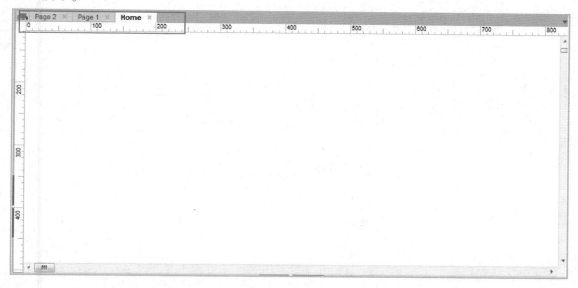

图 7-48　线框图工作区

图 7-49　线框图工作区标签关闭的相关选项

7.2.4　页面属性面板

页面属性面板可以为当前页面线框图添加备注说明、页面级交互和页面视觉样式。页面注释用于对页面和模板进行说明和注释，只要在备注区域输入文字即可；页面交互为页面或模板创建交互动作；页面样式为页面设置视觉样式属性。

在页面注释中可以填写对当前页面和模板的相关信息，如描述、进入点和退出点、页面的限制条件等。通过工具栏可以为页面注释中的文本添加样式，如修改颜色、加粗、斜体和下划线等。如果要创建或重命名页面注释，可单击"自定义注释"链接，打开"页面注释字段"对话框，单击"＋"按钮，增加一个新的注释分类，如图 7-50 和图 7-51 所示。

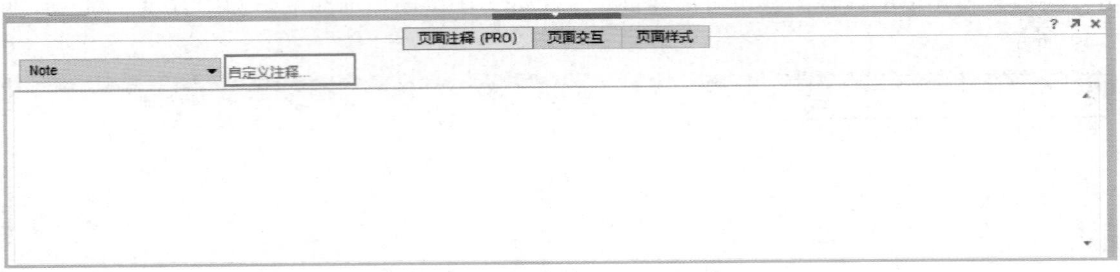

图 7-50　单击"自定义注释"链接

图 7-51　"页面注释字段"对话框

　　页面交互可以让 UE 设计师控制 HTML 原型生成后的页面展现方式，节省了原型创建的时间。例如不需要用户登录前和登录后两个状态创建不同的页面，只需要创建一个带有动态面板的页面，让动态面板的两种状态分别对应用户登录前后即可，如图 7-52 所示。

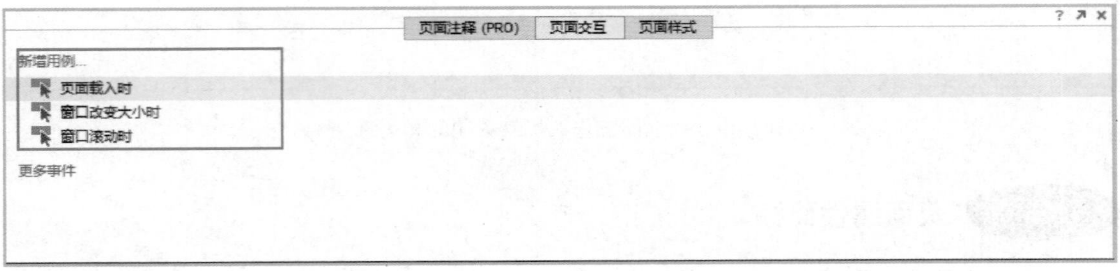

图 7-52　页面交互编辑

　　页面样式只能用于页面线框图上，不能用于模板线框图和动态面板的状态线框图上。在页面样式中，可以设置页面线框图的背景颜色、背景图、背景图的对齐方式等，可以将页面样式的属性保存为一种自定义样式组合，然后将其运用到其他页面上，从而节省重复定义的时间，如图 7-53 所示。

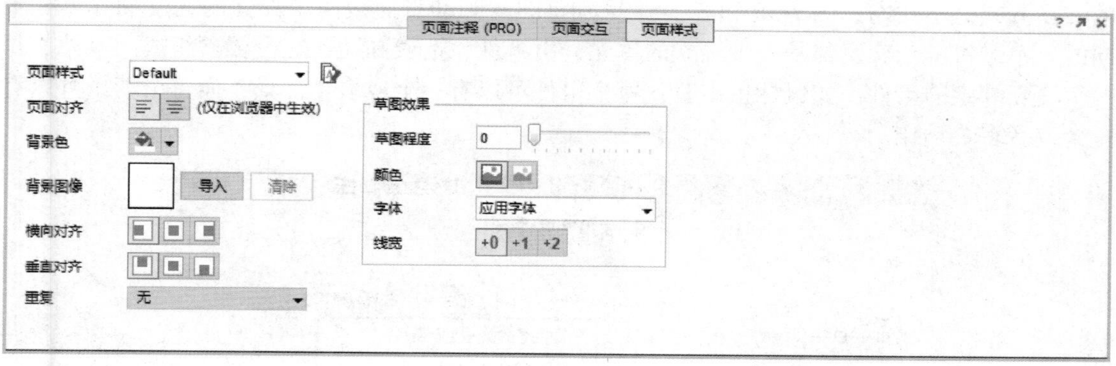

图 7-53　页面样式编辑

7.2.5　部件交互和注释面板

部件交互和注释面板会随着当前所选部件的不同而改变，且只有选中某一个部件的时候该面板才会变得可用。选中一个部件后，可以在部件交互和注释面板中通过"交互"标签和"注释"标签对部件进行行为和属性的定义，如图 7-54 和图 7-55 所示。

图 7-54　部件交互和注释面板

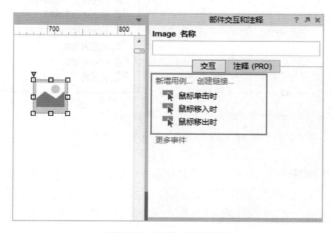

图 7-55　部件交互编辑

在"互交"标签下，可以为部件添加一系列的交互行为。对于不同的部件，可以创建的交互方式是不同的，图 7-56 和图 7-57 分别是图片和动态面板两个部件的交互动作，是不同的。不过每一个交互都是一个独立的单元，由事件、情景和动作三个要素组成。事件是每一个交互绑定的事件，如鼠标单击时；每个事件可以有一个或多个情景，而每个情景可以有一个或者多个动作。

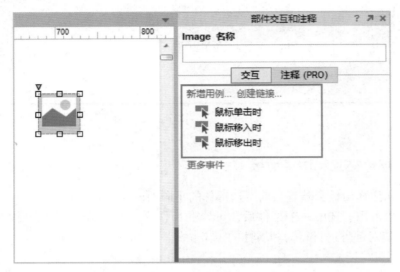

图 7-56　为图片部件添加交互

图 7-57　为动态面板添加交互

部件的"注释"标签下包含一个个注释字段，用于描述控件的相关属性。字段有文本型、列表型、数字型和日期型。我们可以自定义注释字段，即在"注释"标签中单击"自定义"按钮，在弹出的"部件标注和设置"对话框中进行设置，添加的注释字段为文本、列表、数字和日期四种之一，如图 7-58 和图 7-59 所示。

图 7-58　部件注释自定义

图 7-59　注释字段

7.3 Axure RP 设计实例——出租车大数据分析平台原型设计

　　本案例所设计的原型是一个网页端的数据分析平台，在该平台中用户可通过拖拽的方式将代表数据的图标拖拽至处理面板，并对数据进行筛选处理。对于原型的设计更多侧重于交互，如拖拽、单击等，本节的设计实例将通过复杂的交互设计，对 Axure RP 的交互应用进行详细说明。

　　网页原型需要交互的部分主要分为顶部菜单栏、快捷图标工具栏、图标栏和表单栏。用户要做的是从左侧的图标栏拖拽图标至中间的空白操作区，或在表单栏中对图标进行筛选操作。整体的原型如图 7-60 所示。

图 7-60　出租车大数据分析平台原型

7.3.1　顶部菜单栏

顶部菜单栏包含文件、编辑、工具、配置和帮助四个选项，如图 7-61 所示。在本原型中，没有使用菜单部件，每一个选项都是一个动态面板，每一个选项下都会有子菜单，如图 7-62 所示，每一个子菜单都是一个动态面板。在这个原型设计中，动态面板的交互和属性设置都被运用得淋漓尽致。虽然这样设计相对复杂些，但可以让读者对动态面板的交互和设置有更进一步的了解。本小节以"文件"选项的设计为例进行说明，其他菜单项的设计相同。

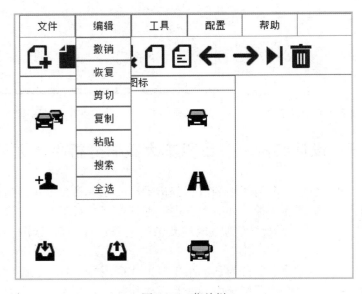

图 7-61　菜单栏

在单击"文件"菜单项时，要出现文件的下拉菜单，因此设计中，文件的下拉菜单动态面板应该是隐藏的，单击时才显示文件的下拉菜单动态面板。因此"文件"动态面板只有一个"单击"状态，如图 7-62 所示。添加交互效果如图 7-63 所示。为了逻辑完整，除了显示文件下拉列表外，应该隐藏其他菜单项的下拉列表。

图 7-62　"文件按钮"状态

图 7-63　文件下拉列表交互编辑

在"文件"下拉列表动态面板中，包含"新建""打开""保存""另存为""导出"和"退出"六个选项，每个选项都是一个矩形框，对每个选项都有交互设置，如"新建"选项，在单击时打开一个新的页面，具体设计如图 7-64 和图 7-65 所示。

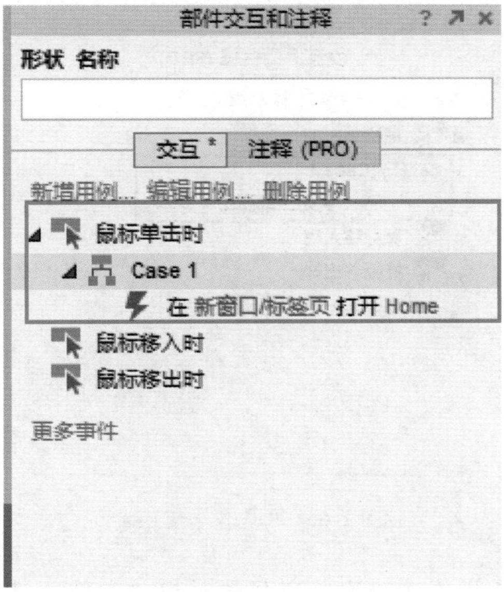

图 7-64　"新建"交互 a

图 7-65 "新建"交互 b

"退出"选项的交互设计，如图 7-66 和图 7-67 所示。

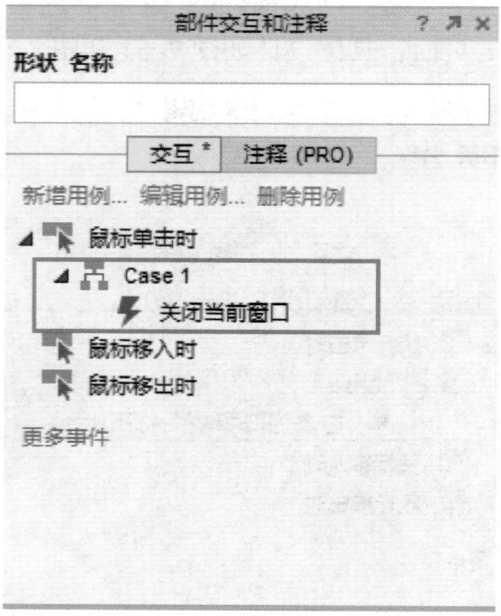

图 7-66 "退出"交互 a

对于"编辑""工具"等菜单选项的交互逻辑与"文件"选项一样，都只有一个"单击"状态，即单击后显示该菜单项的下拉列表，再对下拉列表中的选项单个进行交互设置。

图 7-67 "退出"交互 b

7.3.2 快捷图标工具栏

快捷图标工具栏主要是使用快捷图标的方式，让用户单击图标就可以进行操作，如"新建文件""保存文件"等，如图 7-68 和图 7-69 所示。

图 7-68 快捷图标工具栏原型 a

图 7-69 快捷图标工具栏原型 b

快捷图标工具栏是一个动态面板，只有"图标"一个状态，如图 7-70 所示。在该状态中，每一个快捷键都是一个图片部件，图片由本地导入，每个图片部件下面是一个隐藏的矩形部件，用于提示用户该图标的含义，如图 7-71 所示。

以"新建"快捷键为例，一共有三个交互时间，分别为单击时、光标悬停时和光标移开时，具体的交互设计如图 7-72 ~ 图 7-75 所示。其他几个快捷键的交互设计与"新建"一致，单击时触发相应的单击事件，光标悬停时显示提示，光标移开时隐藏提示。

图 7-70　"快捷键"面板状态

图 7-71　快捷工具栏面板

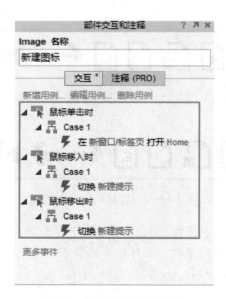

图 7-72　"新建"图标交互 a

图 7-73 "新建"图标交互 b

图 7-74 光标移入交互

图 7-75　光标移出交互

7.3.3　图标栏

在本案例的原型设计中，图标栏分为指标图标和运算图标，每一个图标都在一个动态面板中，该动态面板里还有与图标相关的菜单列表和图标含义提示框，当光标悬停在图标上或把图标拖动到中间的白色区域时，右击图标会出现菜单列表，可以执行相关操作，原型效果如图 7-76 和图 7-77 所示。

图 7-76　图标栏原型 a

图 7-77　图标栏原型 b

以 "里程" 图标为例, 该动态面板只有一个状态, 并且该状态下有一个下拉列表的动态面板, 结构如图 7-78 所示。下拉列表的动态面板的状态是隐藏的, 右击时显示下拉列表。对于 "里程" 图片部件, 交互设计如图 7-79 ~ 图 7-83 所示。其余的图标设计都与 "里程" 图标设计相同。

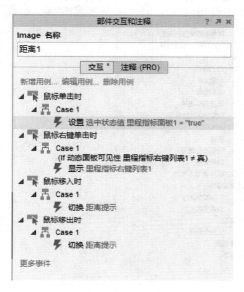

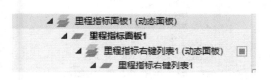

图 7-78　动态面板结构　　　　　　图 7-79　"里程" 图标交互 a

图 7-80　"里程" 图标交互 b

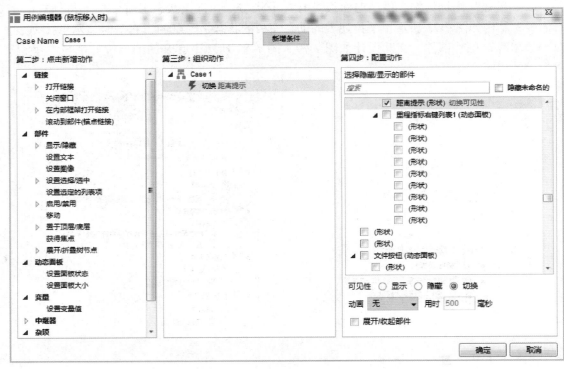

图 7-81 "里程"图标交互 c

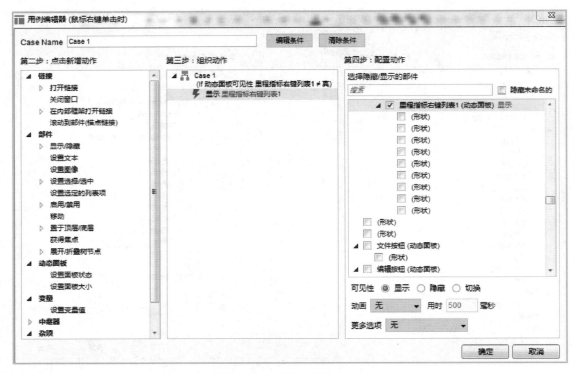

图 7-82 "里程"图标交互 d

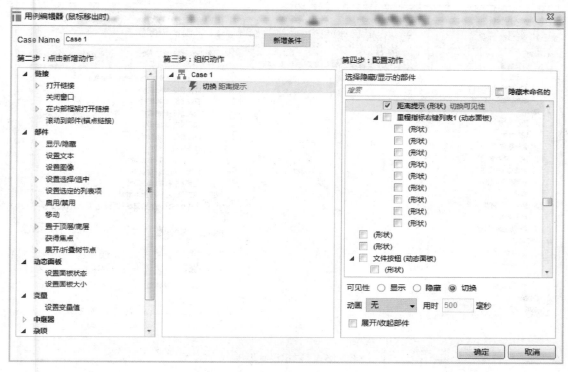

图 7-83　"里程"图标交互 e

　　"里程"图标右键下拉列表中的选项，都是由矩形构成的，每个选项根据内容进行不同的交互设计，以"限定设置"为例，交互设计如图 8-84 和图 8-85 所示。

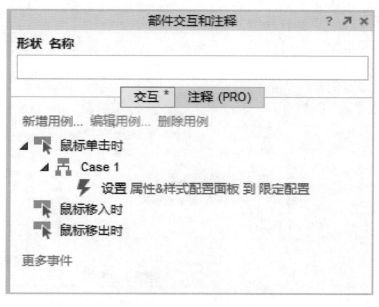

图 7-84　"限定设置"交互 a

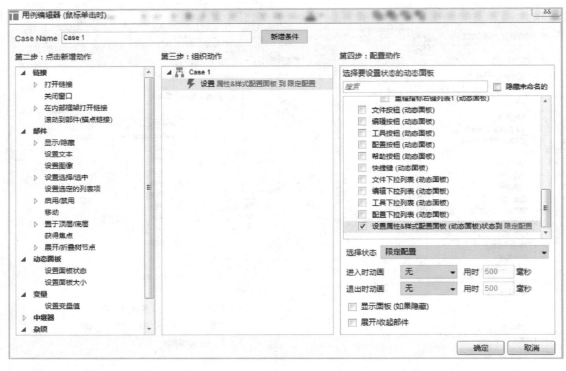

图 7-85　"限定设置"交互 b

7.3.4　表单栏

表单栏是提供表单让用户填写数据和筛选条件的，用户也可以在其中选择数据可视化的方式，如柱状图、散点图等。原型效果如图 7-86 所示。这部分使用了动态面板，但是有三个状态，分别是"限定配置""语言查看"和"结果查看"，结构如图 7-87 所示。

在限定配置中，状态限定的单选按钮都是可用状态，一旦选定一个，其他都会变成禁用状态，具体的交互设计如图 7-88 和图 7-89 所示。单击"确定"按钮的交互设计如图 7-90 和图 7-91 所示。

图 7-86　表单栏原型

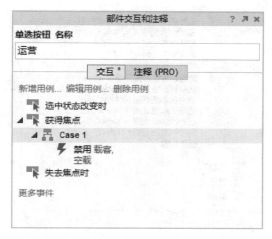

图 7-87 动态面板组织结构

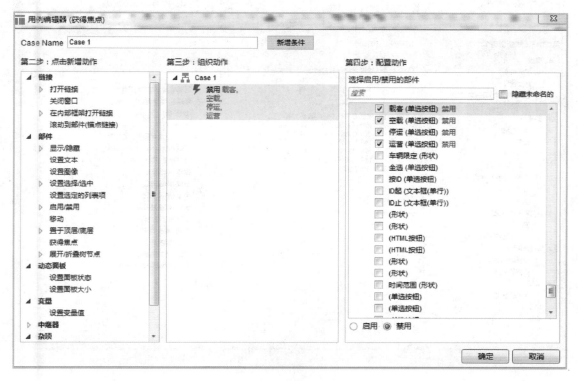

图 7-88 单选按钮交互 a

图 7-89 单选按钮交互 b

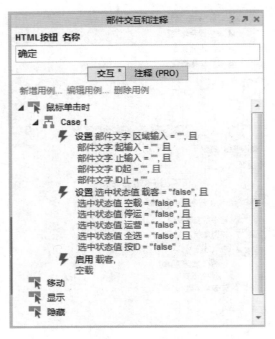

图 7-90　"确定"按钮交互 a

图 7-91　"确定"按钮交互 b

第8章

界面可视化设计与实现

本章主要介绍界面可视化设计和实现的具体操作,以丰富的代码和实例分别阐述界面设计中布局设计、空间设计与具体实现方式。

8.1 窗口——混合现实客户端的窗口界面

窗口是用户界面中最重要的部分，是应用程序为使用数据而在用户界面中设置的基本单元，在屏幕上显示为与应用程序相对应的矩形区域，可以使应用程序和数据在窗口中实现一体化。用户通过窗口与应用程序进行对话，当用户开始运行一个应用程序时，应用程序就创建并显示一个窗口，当用户操作窗口中的对象时，程序会做出相应的反应。用户可以通过关闭窗口来终止程序的运行，通过选择相应的应用程序窗口来选择相应的应用程序，图 8-1 为 Windows 标准窗口，图 8-2 为网易云音乐窗口。

图 8-1　Windows 标准窗口

图8-2　网易云音乐窗口

　　无论是在 Windows 还是移动端操作系统中，都是以窗口来区分各个程序的工作区域的，菜单栏、按钮等元素放置于窗口中，共同组成了一个应用程序的界面。窗口设计指的是对窗口布局的设计、窗口中图标的设计、窗口中按钮的设计、菜单栏的设计等。这些详细的窗口元素设计会在接下来的章节中讲到。

　　本节以一个为可触屏计算机设计的 Windows 窗口为例子，来具体讲解窗口是用户界面设计的基本单元，以及如何通过窗口实现应用程序和数据的一体化。本案例窗口的具体实现使用了 C#语言，开发工具为 Visio Studio 2010。

　　本实例的界面是一个基于混合现实的系统设计，是笔者为学校的多媒体教学所设计的，用户为老师。通过界面启动虚拟现实（Virtual Reality，VR）程序，并采用第三视角的方式输出视频，让观看视频的学生能够了解带上 VR 设备老师的操作，达到良好的教学效果。

　　程序启动后，会出现"开始上课"界面，用于表示程序启动成功，单击"开始上课"按钮，进入 VR 程序选择主界面。具体的界面展示如图 8-3 所示。

图 8-3　"开始上课"界面

　　开始上课界面由居中的"开始上课"按钮、下方的文字和右上角的关闭按钮组成，整体风格简洁。进入程序后，用户第一眼能注意到"开始上课"按钮，符合人类的认知过程。具体实现代码如图 8-4 和图 8-5 所示。课程加载界面如图 8-6 所示。

```
<Grid.Background>
        <ImageBrush ImageSource= "/Image/background.jpg">
        </ImageBrush>
</Grid.Background>
<Image Name="BeginClass1" HorizontalAlignment="Left" Height="427" Margin="466,115,0,0" VerticalAlignment="Top" Width="406"
Source=".\Image\beginClass1.png" MouseLeftButtonDown="ready "/>
<Image Name="BeginClass2" HorizontalAlignment="Left" Height="427" Margin="466,115,0,0" VerticalAlignment="Top" Width="406" Source=".\Image\beginClass2.png"
Visibility="Hidden"/>
<Image Name="ShutDown1" HorizontalAlignment="Left" Height="84" Margin="1237,32,0,0" VerticalAlignment="Top" Width="84" Source=".\Image\shutDown1.png"
MouseLeftButtonDown="shutDown"/>
<Image Name="ShutDown2" HorizontalAlignment="Left" Height="84" Margin="1237,32,0,0" VerticalAlignment="Top" Width="84" Source=".\Image\shutDown2.png"
Visibility="Hidden"/>
<Label Name="BeginLabel" Content="V I V E D U 颐 爱 通 - 多 媒 体 教 室 V R 化 解 决 方 案" HorizontalAlignment="Left" Height="65" Margin="200,677,0,0"
VerticalAlignment="Top" Width="923" FontSize="36" Foreground="White"/>
<Image Name="up1" HorizontalAlignment="Left" Height="77" Margin="0,0,0,0" VerticalAlignment="Top" Width="234" Source=".\Image\up1.png" MouseLeftButtonDown
="forePage" Visibility="Hidden"/>
<Image Name="down" HorizontalAlignment="Left" Height="77" Margin="0,677,0,-334" VerticalAlignment="Top" Width="234" Source=".\Image\down.png"
RenderTransformOrigin="0.521,-0.484"  MouseLeftButtonDown="nextPage" Visibility="Hidden"/>
<Label Name="loadingTitle" Content="课 程 加 载 中 , 请 耐 心 等 待" HorizontalAlignment="Left" Height="106" Margin="335,526,0,0" VerticalAlignment="Top"
Width="721" FontSize="48" Foreground="White" Visibility="Hidden"/>
<Label Name="mainpageTitle" Content="颐爱科技&amp;威爱科技联合打造—多媒体教室VR化教育解决方案" HorizontalAlignment="Left" Height="64" Margin="390,13,0,0"
VerticalAlignment="Top" Width="733" FontSize="22" Foreground="White" Visibility="Hidden"/>
```

图 8-4　"开始上课"和"课程加载"布局代码

```
//开始上课
  public void ready(object sender, MouseButtonEventArgs e)
  {
     //MessageBox.Show("hhh");
     BeginClass1.Visibility = System.Windows.Visibility.Hidden;
     loadingTitle.Visibility = System.Windows.Visibility.Visible;
     System.Diagnostics.Process.Start(obsFile);
     Thread.Sleep(32000);
     this.Hide();
    Thread.Sleep(500);
     fullobs();
     Thread.Sleep(500);
     this.Show();
     this.Topmost = true;
    Thread.Sleep(1500);
     loadingTitle.Visibility = System.Windows.Visibility.Hidden;
     buidlist();
     buildNavList();
     createNav();
     buildHistoryList();
     showHistory();
     Nav.Visibility = System.Windows.Visibility.Visible;
     GamePage.Visibility = System.Windows.Visibility.Visible;
     mainpageTitle.Visibility = System.Windows.Visibility.Visible;
     BeginLabel.Visibility = System.Windows.Visibility.Hidden;
     down.Visibility = System.Windows.Visibility.Visible;

  }
```

图 8-5 "开始上课"后台代码

图 8-6 课程加载页面

课程加载页面是在用户单击"开始上课"按钮后，更换到主页面的过渡界面，是为了避免用户多次单击"开始上课"按钮而设计的，充分考虑到人机交互中人类的心理，从界面层面避免多次单击造成的程序异常。

图 8-7 为主界面窗口，主要由目录和方格形式排列的 VR 程序内容组成。整体设计符合界面设计的一致性原则和简单可用原则，让用户对界面的操作一目了然。每一个目录的条目都是一个按钮（Button），方格形状的 VR 程序内容也是通过按钮来实现的。在 C#的布局中，分别将左侧目录和右侧的方格放入两个 Pannel 中，具体实现代码如图 8-8 ~ 图 8-10 所示。

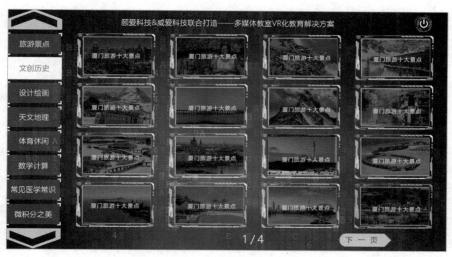

图 8-7　主界面窗口

```
//生成一级目录
    public void createNav()
    {
        foreach (string temp in navShow)
        {
            Button btn = new Button();
            ImageBrush br = new ImageBrush();
            br.ImageSource = new BitmapImage(new Uri(@"../../Image/fristnav.png", UriKind.RelativeOrAbsolute));
            btn.Background = br;
            btn.Name = temp;
            btn.Content = temp;
            btn.Foreground = new SolidColorBrush(Colors.White);
            btn.FontSize = 24;
            Thickness thick = new Thickness(0, 20, 9, 0);
            btn.Margin = thick;
            btn.Click += menu1_Click;
            Nav.Children.Add(btn);
        }
    }
```

图 8-8　导航代码 a

```
//生成二级菜单
public void creatSenNav()
{
    // MessageBox.Show(fl.fcontent);
    for (int i = 0; i < fl.slist.Count; i++)
    {
        secondList.Add(fl.slist[i].scontent.Trim());
    // MessageBox.Show(secondList[i]);
    }
    SenNav.Children.Clear();
    foreach (string temp in secondList)
    {
            Button btn = new Button();
            btn.Background = new SolidColorBrush(Colors.White);
            btn.Name = temp;
            btn.Content = temp;
            btn.Foreground = new SolidColorBrush(Colors.Black);
            btn.FontSize = 18;
            btn.Click += menu2_Click;
            SenNav.Children.Add(btn);
    }
        secondList.Clear();
}
```

图 8-9　导航代码 b

```
//生成游戏图框
public void createGame()
{
    GamePage.Children.Clear();
    foreach (gameLevel temp in gamelist)
    {
        Button gamebtn = new Button();
        ImageBrush br = new ImageBrush();
        //MessageBox.Show(temp.spic.Trim());
        br.ImageSource = new BitmapImage(new Uri(@temp.spic.Trim(), UriKind.RelativeOrAbsolute));
        gamebtn.Background = br;
        gamebtn.Content = temp.gname.Trim();
        gamebtn.Foreground = new SolidColorBrush(Colors.White);
        gamebtn.Name = temp.gname.Trim();
        Thickness thick = new Thickness(0, 30, 15, 0);
        gamebtn.Margin = thick;
        gamebtn.Click += gameBtn_Click;
        GamePage.Children.Add(gamebtn);
    }
}
```

图 8-10　游戏列表代码

图 8-11 为单击主界面中 VR 程序内容后，页面跳转到内容简介界面的效果。在内容简介界面中，左侧展示了 VR 程序画面和简洁的说明文字，右侧由"启动内容"和"返回菜单"两个按钮组成。

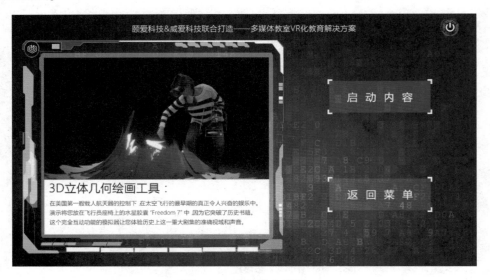

图 8-11　内容简介界面

在整个混合现实应用界面的设计与实现过程中，所运用到的按钮、文本框、菜单等都布局在窗口中，用户在桌面上单击应用图标后直接进入应用程序窗口，通过窗口中"开始上课"按钮和"关闭程序"图标等来与程序交流。窗口作为载体，承载了用户和程序对话的所有控件，是用户界面的基本单元。

8.2 菜单栏

菜单栏是界面设计中经常使用的一种元素，包括 Windows 系统中的窗口、智能终端设备的应用界面等都会经常见到菜单的身影。我们在对可视化窗口操作时，菜单提供了很大方便。菜单栏实际是一种树型结构，为软件的大多数功能提供功能入口。单击某一菜单项，即可显示对应的菜单。菜单栏是按照程序功能分组排列的按钮集合，一般在标题栏下方。Microsoft Word 2010 的菜单栏就在标题栏的下方，如图 8-12 所示。

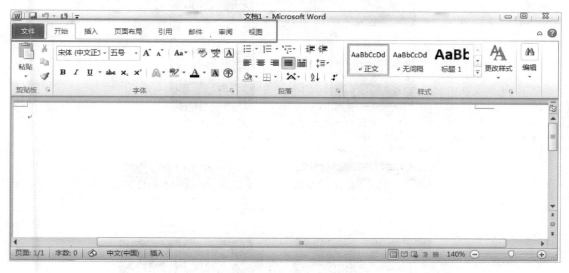

图 8-12　Word 菜单栏

图 8-13　弹出式菜单

一般来说，实用工具类应用程序会有菜单栏，如 Photoshop、Microsoft PowerPoint、Visual Studio 等。在标题栏下方的菜单是下拉菜单，通常由主菜单栏、子菜单以及子菜单中的菜单项组成。除了下拉菜单外，部分应用程序单击鼠标右键也会出现菜单选项，如图 8-13 所示。这类菜单栏称为弹出式菜单，它的主菜单不显示，只显示子菜单。

对于菜单栏的子菜单设计，不建议超过三级菜单。在移动界面设计中，通常使用菜单控件来简化界面，但是从另一方面说，将应用程序的核心部分隐藏在菜单中，可能会对实际的使用产生负面影响，如图 8-14 所示。应用程序之前使用了标签式菜单，改版后变成抽屉式菜单，把核心内容都折叠进去，反而无法让用户感知到，结果便是菜单栏使用频率的下降。因此，如果菜单栏中的内容很重要，尽量展开让用户看到，可以使用标签式菜单。在图 8-15 和图 8-16 中，应用程序在改版前使用了汉堡式菜单，改版成标签式菜单后，不仅菜单栏的使用频率上升了，其他的重要指标也跟着增加了。由于移动设备的屏幕大小有限，不能把所有的东西都直接放置在界面上，这导致移动界面的设计变得更具有挑战性，因此对于菜单栏的设计，应该考虑到界面内容的取舍，而界面内容的取舍要取决于对用户认知和需求的把握。

图 8-14　改变菜单栏对界面的影响 a

图 8-15　改变菜单栏对界面的影响 b

图 8-16　改变菜单栏对界面的影响 c

8.3 导航栏——数据可视化界面的导航栏

　　导航栏是位于界面顶部或者侧边区域的链接按钮列表，起着链接站点或软件内各个页面的作用。导航栏一般出现在网页和移动端用户界面上。图 8-17 为淘宝网首页界面，界面的上方和右侧"主题市场"部分都属于导航栏。图 8-18 为爱奇艺首页。一般 Web 界面都会有导航栏，以方便用户能够快速跳转到需要的功能页面中。在移动端用户界面中，导航栏一般都会放到界面最底部，如图 8-19 和图 8-20 所示。图 8-21 为新浪微博手机客户端的界面，导航栏处于界面最底部，方便用户发微博或进行个人账号管理等。

图 8-17　淘宝网首页

图 8-18　爱奇艺首页

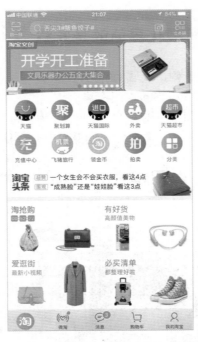

图 8-19　手机淘宝底部标签式导航栏

图 8-20　网易新闻底部标签式导航栏

图 8-21　新浪微博底部标签式导航栏

在现在的网页界面和移动手机界面中，导航栏是必不可少的部分。对于界面的设计者而言，可以将页面之间的关系通过导航栏直观展示；对于界面的使用者来说，通过导航栏可以快速跳转到需要的页面，减少对页面的认知和学习时间。

对于导航栏的设计，将网页或手机应用的核心功能链接放入其中，大部分以简洁大方为主。对于网页来说，导航栏的右侧一般都会放置"登录""注册"按钮，部分页面也会将搜索框放置在导航栏中。网页中的导航栏主要是为了方便用户浏览网站，快速查找所需要的信息，导航栏可以设计得简洁，也可以设计得精美，但是任何一个网站的导航设计都应该满足以下三个目标。

1. 可以使用户实现在网站之间的跳转

这里所说的网站之间的跳转并不是要求所有页面都链接在一起，而是指导航必须对用户的操作起到促进作用。

2. 传达链接链表之间的关系

导航栏通常按照类别区分，一个类别由一个链接组成。这些链接有什么共同点，或有什么不同点，在设计时都要充分考虑到。

3. 传达链接与当前页面的关系

导航栏设计必须传达出其内容和当前浏览页面之间的关系，让用户清晰地知道其他链接选项对于目前正在浏览页面有什么影响。这些传达出来的信息可以更好地帮助用户理解导航的分类和内容。

本案例是一个数据分析可视化网页，为了方便用户查看数据分析的可视化结果，导航栏的主要功能是将所有数据可视化页面的链接都放置其中，只要是进入到页面的用户都可以直接查看数据分析的结果，不需要执行登录和注册等用户管理操作。所以基于这些需求，该页面的导航栏相对来说包含的内容较少，只要按照展示逻辑将页面链接整合进导航栏即可。

图 8-22 为该网页的导航栏设计。导航栏左侧是该页面的名称，右侧是四个按钮，分别是回到"首页"和三个主要数据可视化页面。具体的导航栏和页面效果如图 8-23 ~ 图 8-27 所示。

图 8-22　成都市功能区展示导航 a

图 8-23　成都市功能区展示导航 b

图 8-24　成都市功能区展示导航 c

图 8-25　成都市功能区展示导航 d

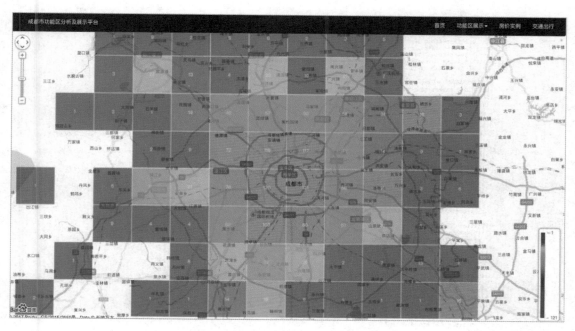

图 8-26　单击"功能区展示"按钮的效果

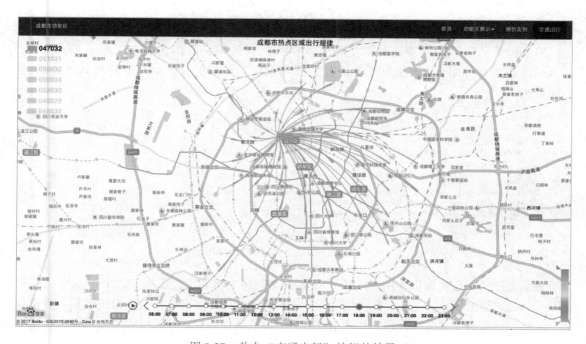

图 8-27　单击"交通出行"按钮的效果

　　该数据可视化网页的前端实现部分使用的是 Jade，Jade 是源于 Node – js 的 HTML 引擎，是一个高性能的模板引擎，是用 JavaScript 实现的。具体的导航栏实现代码如图 8-28 所示。

```
body
  div(class='navibar')
    nav(class='navbar navbar-default')
      div(class='container-fluid')
        div(class='navbar-header')
          a(class='navbar-brand' href='#')
        div(class="collapse navbar-collapse" id="bs-example-navbar-collapse-1")
          ul(class="nav navbar-nav")
            li
              a 成都市功能区分析及展示平台
          ul(class='nav navbar-nav navbar-right')
            -if(title=='首页')
              li(class='active')
                a(href="/") 首页
            -else
              li
                a(href="/") 首页

            li(role='presentation' class='dropdown')
              a(class='dropdown-toggle' data-toggle='dropdown' href='#' role='button' aria-haspopup='true' aria-expanded='false') 功能区展示
              span(class='caret')
              ul(class='dropdown-menu')
                li
                  a(href='/function_area/community') 居民区
                li
                  a(href='/function_area/commerce') 商业区
                li
                  a(href='/function_area/entertainment') 娱乐区

            -if(title=='房价实例')
              li(class='active')
                a(href="/real_estate") 房价实例
            -else
              li
                a(href="/real_estate") 房价实例

            li(role='presentation' class='dropdown')
              a(class='dropdown-toggle' data-toggle='dropdown' href='#' role='button' aria-haspopup='true' aria-expanded='false') 交通出行
              span(class='caret')
              ul(class='dropdown-menu')
                li
                  a(href='/OD/WeekdayO') 工作日O
                li
                  a(href='/OD/WeekdayD') 工作日D
                li
                  a(href='/OD/WeekendO') 周末O
                li
                  a(href='/OD/WeekendD') 周末D
```

图 8-28　导航栏实现代码

对于网页导航栏的实现，有很多现成的模板可以使用，常用的有 Bootstrap 的模板等。在 Bootstrap 的文档中，有导航栏实现方式的详细说明。简单的导航栏可以使用如图 8-29 所示的模板。

```
实例：

Home    Profile    Messages

<ul class="nav nav-tabs">
  <li role="presentation" class="active"><a href="#">Home</a></li>
  <li role="presentation"><a href="#">Profile</a></li>
  <li role="presentation"><a href="#">Messages</a></li>
</ul>
```

图 8-29　Bootstrap 简单导航栏模板

较为复杂的导航栏可以使用图 8-30 的模板，然后将文字和颜色根据 Bootstrap 给出的文档更改为自己需要的即可。对于导航栏的设计，根据详细的用户需求，按照页面逻辑整合链接列表，整体设计简洁大气为主，色彩和风格符合页面设计风格。对于导航栏的实现，现在有很多实用的模板可以使用，按照需要选择即可。Bootstrap 复杂导航栏模板的代码，如图 8-31 所示。

图 8-30　Bootsrap 复杂导航栏模板

```
<nav class="navbar navbar-default">
  <div class="container-fluid">
    <!-- Brand and toggle get grouped for better mobile display -->
    <div class="navbar-header">
      <button type="button" class="navbar-toggle collapsed" data-toggle="collapse" data-
target="#bs-example-navbar-collapse-1" aria-expanded="false">
        <span class="sr-only">Toggle navigation</span>
        <span class="icon-bar"></span>
        <span class="icon-bar"></span>
        <span class="icon-bar"></span>
      </button>
      <a class="navbar-brand" href="#">Brand</a>
    </div>

    <!-- Collect the nav links, forms, and other content for toggling -->
    <div class="collapse navbar-collapse" id="bs-example-navbar-collapse-1">
      <ul class="nav navbar-nav">
        <li class="active"><a href="#">Link <span class="sr-only">(current)</span></a></li>
        <li><a href="#">Link</a></li>
        <li class="dropdown">
          <a href="#" class="dropdown-toggle" data-toggle="dropdown" role="button" aria-
haspopup="true" aria-expanded="false">Dropdown <span class="caret"></span></a>
          <ul class="dropdown-menu">
            <li><a href="#">Action</a></li>
            <li><a href="#">Another action</a></li>
            <li><a href="#">Something else here</a></li>
            <li role="separator" class="divider"></li>
            <li><a href="#">Separated link</a></li>
            <li role="separator" class="divider"></li>
            <li><a href="#">One more separated link</a></li>
          </ul>
        </li>
      </ul>
      <form class="navbar-form navbar-left">
        <div class="form-group">
          <input type="text" class="form-control" placeholder="Search">
        </div>
        <button type="submit" class="btn btn-default">Submit</button>
      </form>
      <ul class="nav navbar-nav navbar-right">
        <li><a href="#">Link</a></li>
        <li class="dropdown">
          <a href="#" class="dropdown-toggle" data-toggle="dropdown" role="button" aria-
haspopup="true" aria-expanded="false">Dropdown <span class="caret"></span></a>
          <ul class="dropdown-menu">
            <li><a href="#">Action</a></li>
            <li><a href="#">Another action</a></li>
            <li><a href="#">Something else here</a></li>
            <li role="separator" class="divider"></li>
            <li><a href="#">Separated link</a></li>
          </ul>
        </li>
      </ul>
    </div><!-- /.navbar-collapse -->
  </div><!-- /.container-fluid -->
</nav>
```

图 8-31　Bootsrap 复杂导航栏模板代码

8.4 对话框

说到对话框，大家一般会想到聊天和发送信息的对话框，尤其是在现在这个交流成本相对较低的时代，微信、微博、淘宝等客户端都会有对话框，甚至很多游戏界面也会设计对话框方便玩家进行交流。但是在计算机领域中，对话框（Dialog）被普遍认为是一种次要窗口，包含按钮和各种选项，用户可以通过对话框完成特定的设置和任务。图 8-32 为 Microsoft Word 中的"制表位"对话框，用户可以通过该对话框对制表位进行设定。

对话框看上去和窗口很相似，但窗口不仅可以进行最大化、最小化操作，还可以改变大小，而对话框没有最大化和最小化按钮，只有关闭按钮，并且大部分对话框都不能改变形状和大小，只能移动。

对话框在很多实用类应用程序中很常见，如 Word、Photoshop 等，用户在对这类应用程序进行功能方面的设置时，都是通过对话框来实现的。在网页中，对话框也十分常见，常用来提醒用户进行一些操作，如是否需要保存密码等。在移动端的应用程序中，对话框也很常见，如询问用户是否确定删除条目或提示该操作非法等。因此，对话框的设计在整个用户界面设计中是非常重要的，常见的对话框样式如图 8-33 ~ 图 8-36 所示。

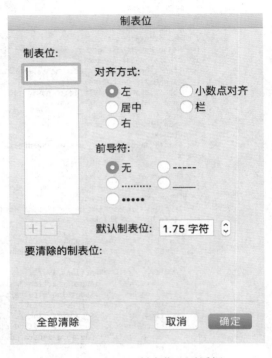

图 8-32　Word "制表位"对话框

图 8-33　Keep 对话框

图 8-34　印象笔记对话框

图 8-35　新浪微博的提示对话框

图 8-36　喜马拉雅的提示对话框

对话框就像是一辆汽车的"紧急刹车"系统，它的出现会立刻中断用户的当前任务，因而不能轻视对话框的设计，一旦应用失误，就有可能对用户造成非计划内的破坏。以下几种情况都可以使用对话框。

- 应用程序不能进行时：当某些严重错误发生，或者有让应用程序无法继续执行的条件发生时，应该弹出对话框警告用户。
- 请求询问：如果应用程序在完成任务时需要用户参与，可以通过对话框来寻求用户的帮助。
- 用户授权。在应用程序涉及用户隐私或者是其他程序无法擅自决定的任务时，可以出现对话框让用户确认授权。

对话框中的内容要值得打断应用程序工作才能弹出，不然频繁弹出对话框会让用户产生疲惫感和厌倦感，体验不好会使得用户抛弃应用程序的使用。

对话框的设计应该以简洁为主，显示的内容要简明扼要，对话框的出现已经打扰到用户了，如果内容太复杂，是非常影响用户体验的，可以在对话框的上部将问题进行一个简要概括和描述，再将结果展示在内容区域，通过确认按钮重申行为结果，如图 8-37 所示。一般而言，最好不要把操作按钮取名为"确定"，因为用户不一定会逐字逐句把对话框中的文字看完，只要看到一个"确定"按钮，大部分用户会直接单击，但是有时候用户并不想确认某个操作，因此最好将按钮取名为直接的动作，例如"删除""授权"等。如果对话框提供超过一个以上的选项需要用户确认时，可以把期望用户选择操作行为的按钮呈高亮显示，或者使用突出的颜色来吸引用户注意力，如图 8-38 所示。

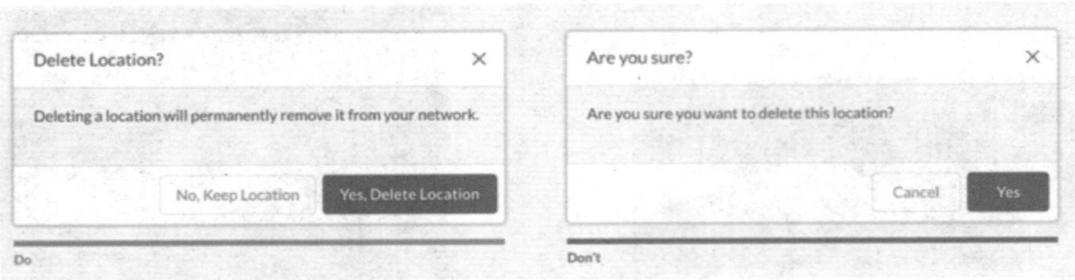

图 8-37　对话框按钮的名称

图 8-38　期望的选择高亮显示

8.5　控件

控件是组成界面的基本元素，像界面中的按钮、滚动条、文本框、复选框，甚至包括前文说到的导航栏、菜单栏等都属于控件。从具体的属性而言，控件应该具有可接触和可改变状态两个基本特征。例如按钮，无论是网页界面的按钮还是移动端界面的按钮，对用户来说都是可以接触的，用鼠标或手指点击后可以改变页面的状态。

控件作为界面的基本元素，按照功能划分，可以归为五类。

- 触发操作类：包括按钮和滚动条等，如图 8-39 和图 8-40 所示。
- 数据录入类：包括文本输入框和复选框等，如图 8-41 和图 8-42 所示。
- 信息展示类：包括进度条和加载器等，如图 8-43 所示。
- 容器类：包括标签页等，如图 8-44 所示。
- 导航类：包括导航栏和分页器等。

图 8-39　按钮控件

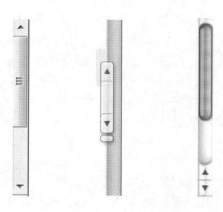

图 8-40　滚动条控件

图 8-41　文本输入框控件

图 8-42　复选框控件

图 8-43　进度条控件

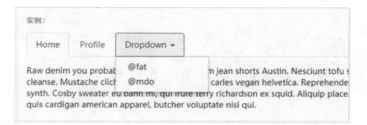

图 8-44　标签页控件

本节主要从按钮、滚动条和文本输入框三个常用控件的设计与实现来了解控件的设计和实现过程。

8.5.1　按钮的设计与实现

用户界面的按钮设计应该具备简洁明了的图示效果，能够让使用者清楚辨识按钮的功能。对于按钮的设计，可以参照以下规则。

- 按钮风格要与应用程序品牌一致。
- 按钮要与上下文内容相符。按钮的设计风格除了要与品牌一致外，也要与该按钮周围的控件风格一致，让用户不会感到突兀。
- 重要按钮做出强调。部分界面为了让整体看上去更加和谐，设计的按钮可能会不显眼，让用户不方便寻找，第一眼无法注目。在以优化用户体验为目标的基础上，重要内容的按钮要利用色彩、高亮、大小、留白等方式来强调，提高按钮的表现力，从而引导用户交互。
- 次要的界面元素可以稍微削弱。这一条和第三条一致，为了让重要的按钮突出，可以将次要的界面元素稍微削弱。
- 按钮的设计应该具有交互性。在设计按钮时，应该设计 3 至 6 种状态效果，将不同的按钮效果应用在不同的按钮状态下，最基本的三种按钮状态效果分别为：按钮的默认状态、鼠标移至按钮上方单击时的状态和按钮被按下后的状态。

按钮是界面在视觉风格上最纯粹的表达方式，因为按钮把文字、色彩和图像三者紧密结合在一起，每一个设计者对于按钮的设计都有不同的看法和见解，但从用户角度出发，怎么也跳不出提高用户体验、增强用户的交互性等需求。

对于按钮的实现，现在已经有很多模板可以直接使用，毕竟按钮是界面中必不可少的元素。以网页界面为例，Bootstrap 框架中提供了按钮的实现代码样例，如图 8-45 和图 8-46 所示。

```html
<div class="btn-group" role="group" aria-label="...">
  <button type="button" class="btn btn-default">Left</button>
  <button type="button" class="btn btn-default">Middle</button>
  <button type="button" class="btn btn-default">Right</button>
</div>
```

图 8-45　Bootstrap 按钮模板 a

```html
<div class="btn-toolbar" role="toolbar" aria-label="...">
  <div class="btn-group" role="group" aria-label="...">...</div>
  <div class="btn-group" role="group" aria-label="...">...</div>
  <div class="btn-group" role="group" aria-label="...">...</div>
</div>
```

图 8-46　Bootstrap 按钮模板 b

按钮的颜色和大小可以根据具体的实际需要进行更改。除了使用 Bootstrap 框架外，也可以直接使用 Html + CSS + JavaScript 的方式对一个按钮进行实现。Html 中按钮的实现就是一行代码，如图 8-47 所示。

```
<button type="button">Click Me!</button>
```

图 8-47　Html 按钮代码

效果如图 8-48 所示。

Click Me!

图 8-48　按钮效果

使用 CSS 来对按钮的形状、颜色、大小进行修改和调整，对应代码如图 8-49 所示。

```
<style>
.button {
    background-color: #4CAF50;
    border: none;
    color: white;
    padding: 15px 32px;
    text-align: center;
    text-decoration: none;
    display: inline-block;
    font-size: 16px;
    margin: 4px 2px;
    cursor: pointer;
}
</style>
```

图 8-49　CSS 更改按钮样式代码

效果如图 8-50 所示。

Click Me!

图 8-50　按钮样式更改后的效果

对于单击按钮后的操作，可以直接使用 JavaScript 来编写，此处不做详细介绍。

8.5.2　滚动条的设计与实现

滚动条主要是为了对软件固定大小的区域性空间中容量的变换进行设计，最常见、最熟悉的是 Windows 的滚动条，如图 8-51 和图 8-52 所示。滚动条一般分为滚动框、滚动滑块和滚动箭头。现在在这个传统的滚动条基础上，有很多创新的设计，如 Mac OS X Lion 系统对于原生滚动条的改进，滚动条只有在执行滚动操作时才会出现，不会遮挡屏幕上的内容，并且将滚动箭头去掉了，如图 8-53 所示。

图 8-51　Windows 滚动条 a

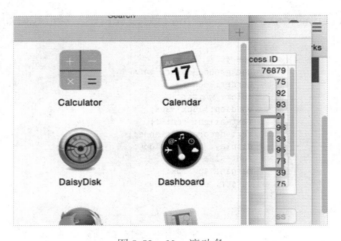

图 8-52　Windows 滚动条 b

图 8-53　Mac 滚动条

除了这类滚动条外，很多移动端应用程序为了方便用户查找信息而特意设计了字母表滚动条和时间轴滚动条等。

滚动条的设计要尽量不影响用户对于界面的使用，不宜占用界面太多空间。在实际应用中，可以使用系统自带的滚动条，也可以对系统自带的滚动条进行个性化修改。以网页界面的滚动条为例，可以使用 CSS 的 overflow 属性，如图 8-54 所示。

```
<style>
div.scroll
{
    background-color:#FFFFFF;
    width:100px;
    height:100px;
    overflow:scroll;
}

</style>
```

图 8-54　CSS 更改网页滚动条样式

效果如图 8-55 所示。

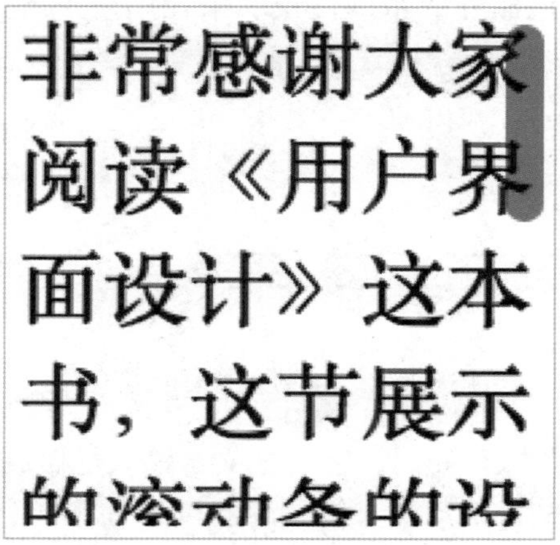

非常感谢大家
阅读《用户界
面设计》这本
书，这节展示
的滚动条的设

图 8-55　更改滚动条样式的效果

8.5.3　文本输入框的设计与实现

文本输入框是用户界面设计中最常见的控件之一，一般用来让用户输入信息。无论是 PC 端、网页端还是移动端的应用程序，都需要借助文本输入框来获取信息（用户名、密码等），最直观的例子是打开百度首页，要通过搜索输入框来完成搜索信息的输入，如图 8-56 所示。

图 8-56　百度搜索文本输入框

在文本输入框的设计中，清晰的文本标签是必要的。用户在看见文本输入框时需要知道他们到底要输入什么样的数据，有些文本框需要用户输入特定格式的数据，如日期是 xxxx – xx – xx 格式等，因此文本框的文本标签可以清晰告诉用户输入什么信息、格式是什么样的。图 8-57 为微信最顶端的文本框，使用"搜索"文本和图标提醒用户这个部分可以填写搜索的信息。

图 8-57　微信搜索输入框

文本标签应该以精简短小为主，以便用户能够快速看完并获得有用信息。如果有额外的信息，可以通过上下文或其他额外的帮助性说明来让用户了解，而不是将文本标签弄得很长，如图 8-58 所示。

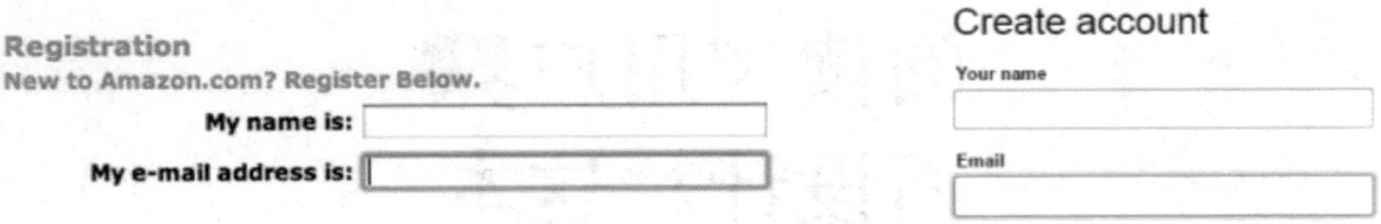

图 8-58　文本标签应尽量简短

当用户选中文本框准备输入信息时，需要把文本输入框做成焦点，提供清晰的视觉，如边框高亮等，提醒用户可以输入信息了。例如淘宝和亚马逊的登录文本框，在单击准备输入时，边框都变成了高亮，如图 8-59 和图 8-60 所示。

图 8-59　淘宝准备输入时边框高亮

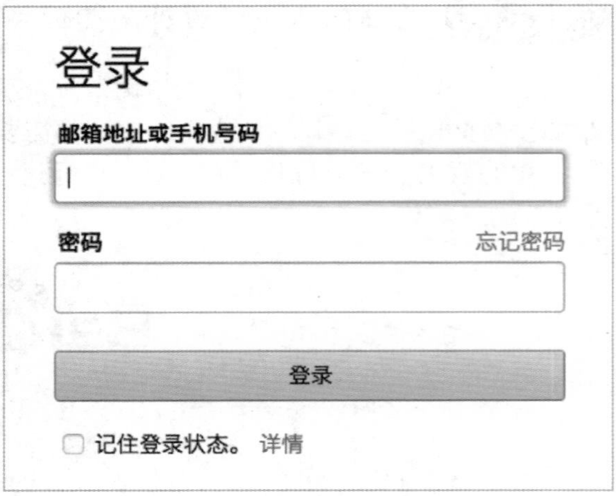

图 8-60　亚马逊准备输入时边框高亮

对于文本框的实现，以网页界面的文本框为例，使用 Html 的 input 标签可以实现文本输入框，如图 8-61 所示。

效果如图 8-62 所示。

```
<form action="/demo/demo_form.asp">
用户名:<br>
<input type="text" name="name">
<br>
密码:<br>
<input type="text" name="password">
<br><br>
```

图 8-61　Html 文本输入框代码

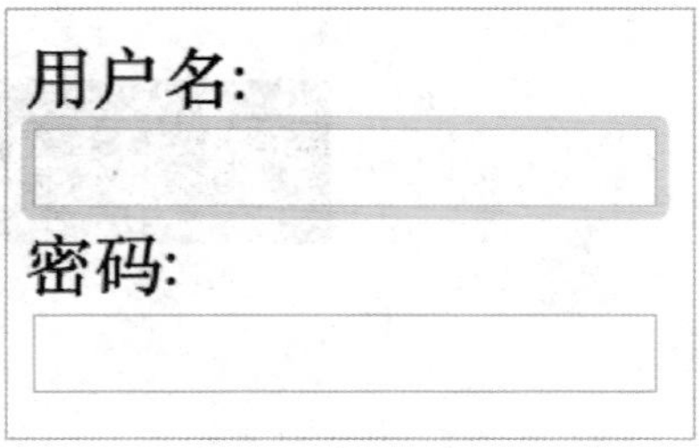

图 8-62　文本输入框效果

带有文本标签的文本输入框代码如图 8-63 所示。

```
<form action="/demo/demo_form.asp">
日期:<br>
<input type="text" name="date" placeholder="如 2017-01-03">
<br>
地点:<br>
<input type="text" name="place" placeholder="如 北京">
<br><br>
```

图 8-63　带有文本标签的文本输入框代码

效果如图 8-64 所示。

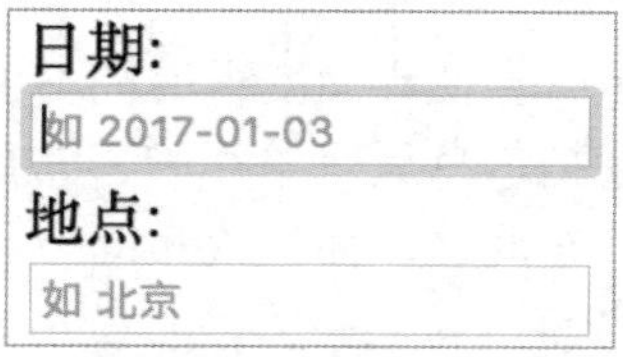

日期:
如 2017-01-03

地点:
如 北京

图 8-64　带有文本标签的文本输入框效果

除了直接使用 Html 的 input 标签外，也有很多框架可以直接使用，Bootstrap 中就提供了网页文本输入框的样例和代码，如图 8-65 所示。

实例:

@　Username

Recipient's username　　　　　　　　　　　　　　@example.com

$　　　　　　　　　　　　　　　　　　　　　　　　.00

Your vanity URL

https://example.com/users/

```
<div class="input-group">
  <span class="input-group-addon" id="basic-addon1">@</span>
  <input type="text" class="form-control" placeholder="Username" aria-describedby="basic-addon1">
</div>

<div class="input-group">
  <input type="text" class="form-control" placeholder="Recipient's username" aria-describedby="basic-addon2">
  <span class="input-group-addon" id="basic-addon2">@example.com</span>
</div>

<div class="input-group">
  <span class="input-group-addon">$</span>
  <input type="text" class="form-control" aria-label="Amount (to the nearest dollar)">
  <span class="input-group-addon">.00</span>
</div>

<label for="basic-url">Your vanity URL</label>
<div class="input-group">
  <span class="input-group-addon" id="basic-addon3">https://example.com/users/</span>
  <input type="text" class="form-control" id="basic-url" aria-describedby="basic-addon3">
</div>
```

图 8-65　Bootstrap 文本输入框模板

8.6 布局

布局是用户界面设计中不可缺少的一环,合理的界面布局应该符合用户的使用习惯和浏览习惯,从而合理地引导用户的视线流。无论是网页还是移动端应用程序,清晰有效的界面布局可以让用户对界面内容一目了然,快速了解内容的组织逻辑,从而大大提升整个界面的可阅读性和整体的视觉效果,提高产品的交互效率和信息的传递效率。

8.6.1 手机应用程序常用布局

由于手机的屏幕尺寸较小,对于应用程序而言能展示的内容比计算机屏幕少得多,如果直接把所有内容在一个屏幕内显示,会使界面变得混乱不堪。因此在手机应用程序中需要对信息进行有效组织,通过合理布局把信息展示给用户。常用的手机界面布局有列表式布局、陈列式布局、九宫格布局、导航式布局、多面板式布局、滑块式布局和图表式布局。

列表式布局是最常用的手机界面布局之一,内容从上到下排列,视线流也是从上往下,浏览体验快捷,如图 8-66 ~ 图 8-68 所示。

图 8-66　列表布局 a

图 8-67　列表布局 b

陈列式布局是把元素并列横向展示，布局比较灵活，可以平均分布，也可以根据内容的重要性做不规则分布，比较直观，如图 8-69 所示。

图 8-68　列表布局 c　　　　　　　　　　图 8-69　陈列式布局

九宫格式布局是非常经典的设计，相比于陈列式布局，九宫格的布局更加偏向一行三列。九宫格可以理解为是固定排列的陈列式，如图 8-70 所示。

导航式布局将并列的信息通过横向或竖向的导航来表现，导航一直存在，具有选中状态，可快速切换另一个导航，直接展示重要内容的接口，减少界面跳转的层级，方便用户来回切换，如图 8-71 和图 8-72 所示。

多面板式布局类似于竖屏排列的导航布局，可以展示更多的信息量，操作效率较高，适合分类和内容都比较多的情形，可以对分类有整体性的了解，减少界面跳转的层级。不足之处是界面比较拥挤，如图 8-73 和图 8-74 所示。

图 8-70 九宫格布局

图 8-71 导航式布局 a

图 8-72 导航式布局 b

图 8-73　多面板式布局 a

图 8-74　多面板式布局 b

　　滑块式布局重点在于展示一个对象，通过手势滑动按顺序查看更多的信息内容，单页面内容整体性强，聚焦度高，线性的浏览方式有顺畅感、方向感，如图 8-75 和图 8-76 所示。

图 8-75　滑块式布局 a

图 8-76　滑块式布局 b

　　图表式布局采用图表的方式直接展示内容信息，直观性强，多用于统计功能的应用程序，例如支付宝账单统计、微博浏览统计等，如图 8-77 和图 8-78 所示。

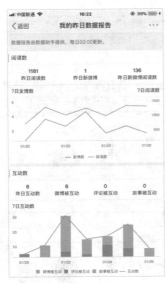

图 8-77　图表式布局 a

图 8-78　图表式布局 b

8.6.2　网页界面常用布局

对于网页布局而言，不同类型的网站和页面往往有固定的不同布局，这些布局符合用户的认知，在页面内容和视觉美观之间取得平衡。按照分栏方式的不同，网页的布局模式可以分为一栏式布局、两栏式布局和三栏式布局。

1. 一栏式布局

一栏式布局的页面结构简单、视觉流程清晰，方便用户快速定位，但是由于页面排版方式的限制，这种布局只适用于信息量少、目的比较集中或者相对独立的网站。采用一栏式布局的网站首页，其展示的信息集中，重点突出，通常会使用精美的图片或者绚丽的动画效果来吸引用户眼球，实现强烈的视觉冲击效果，提升品牌效应。一栏式布局也常被使用在目的单一的网页上，例如搜索引擎网站首页、登录页和注册页面等，如图 8-79 ~ 图 8-82 所示。

图 8-79　Echarts 一栏式布局

图 8-80　百度地图开放平台一栏式布局

图 8-81　谷歌一栏式布局

图 8-82　淘宝网一栏式布局

2. 两栏式布局

两栏式布局是最常见的网页布局方式之一，根据其所占面积的比例不同，可以细分为左窄右宽、左宽右窄和左右均等三种类型。左窄右宽通常左侧是导航、右侧是网页的内容，用户的浏览习惯是从左到右，从上到下，这类布局更符合用户的操作流程，能够快速引导用户通过导航栏查找内容，使操作更加具有可控性，如图 8-83 所示。左宽右窄与左窄右宽相反，内容在左、导航在右，这种结构明显突出了内容的主导地位，引导用户把视觉焦点放在内容上，如图 8-84 和图 8-85 所示。左右均等是指左右两侧的比例相差较小，适用于两边信息的重要程度相对均等的情况，不体现主次，一般使用这种网页布局的网站较少，如图 8-86 和图8-87 所示。

图 8-83　左窄右宽布局

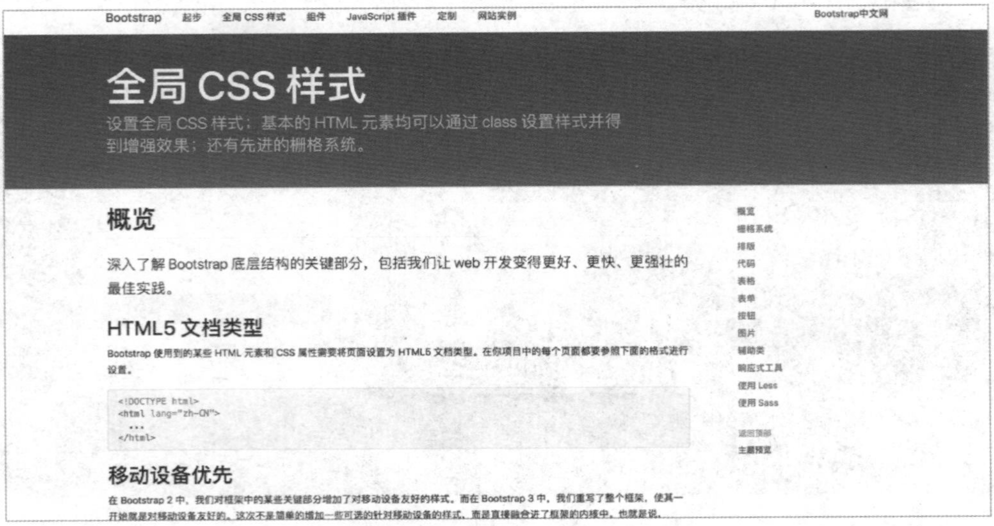

图 8-84　左宽右窄布局 a

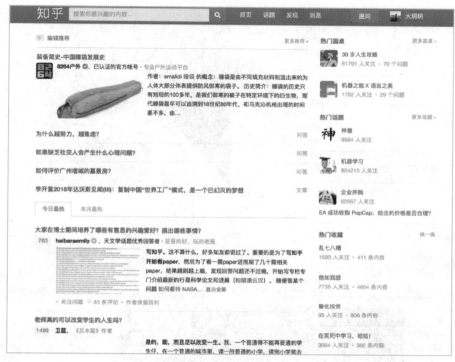

图 8-85　左宽右窄布局 b

图 8-86　左右均等布局 a

3. 三栏式布局

三栏式布局对于内容的排版更加紧凑，能够更加充分地运用网站空间，尽量多地显示信息内容，增加信息的紧密性，这类布局方式常见于信息量非常丰富的网站。三栏式布局由于展示的内容量过多，会造成页面上信息的拥挤，用户很难找到需要的信息，增加了用户的查找时间，降低了用户对网站内容的可控性，如图 8-88、图 8-89 所示。

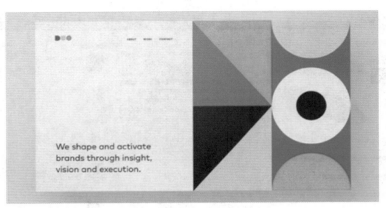

图 8-87　左右均等布局 b

图 8-88　淘宝网三栏式布局

图 8-89　京东三栏式布局

8.6.3 实例：出租车数据分析平台

本案例实现的是一个网页端的数据分析平台，用户可通过拖拽的方式将代表数据的图标拖至处理面板，并对数据进行筛选处理。

该页面采用的是三栏式布局方式，最左侧放置数据图标列表，中间部分是处理面板和报错面板，最右侧放置数据筛选列表，采用文本输入框让用户自己输入筛选条件，如图 8-90 所示。通过这样的布局，用户进入页面后，根据从左至右、从上往下的浏览习惯，能迅速了解页面的功能和操作方法，如从左侧图标栏中进行数据选择，然后拖拽至中间的面板，并在右侧的筛选栏中对数据进行筛选处理。

界面中用到的图标和框架来源于 Bootstrap 框架。

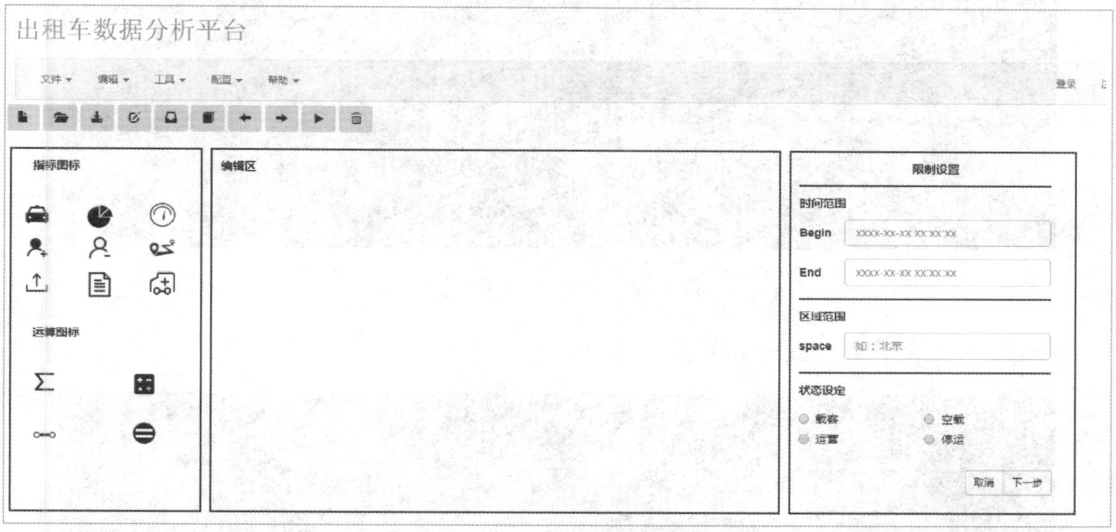

图 8-90 三栏式布局

左侧数据图标布局代码如图 8-91 所示。

```
<div class="row">
    <div class="col-md-2">
        <div class="zhibiaotitle">指标图标</div>
        <div class="col-md-4" id="car"><span class="iconfont icon-che" id="cartu1"></span><span class="iconfont icon-che" id="cartu2"></span></div>
        <div class="col-md-4" id="time"><span class="iconfont icon-shijian"></span></div>
        <div class="col-md-4" id="speed"><span class="iconfont icon-suduspeed8" id></span></div>
        <div class="col-md-4" id="shangke"><span class="iconfont icon-weibiaoti3"></span></div>
        <div class="col-md-4" id="xiake"><span class="iconfont icon-jian"></span></div>
        <div class="col-md-4" id="trace"><span class="iconfont icon-guiji"></span></div>
        <div class="col-md-4" id="zaikepercent"><span class="iconfont icon-shangchuan"></span></div>
        <div class="col-md-4" id="kongzaipercent"><span class="iconfont icon-xiazai"></span></div>
        <div class="col-md-4" id="carcount"><span class="iconfont icon-cheliang"></span></div>
    <div class="yunsuantitle">运算图标</div>
        <div class="col-md-5" id="sum"><span class="iconfont icon-sum"></span></div>
        <div class="col-md-5" id="avg"><span class="iconfont icon-jisuanqi"></span></div>
        <div class="col-md-5" id="link"><span class="iconfont icon-lianjiexian"></span></div>
        <div class="col-md-5" id="equal"><span class="iconfont icon-dengyuhao"></span></div>
    </div>
```

图 8-91 左侧数据图标布局代码

中间部分的布局代码如图 8-92 所示。

```
<div class="col-md-6" id="edit">
    <div class="edittitle">编辑区</div>
    <div id="menu" class="skin">
    <div class="menuitems">
        <li><a href="#" onclick="openfile()">数据导入</a></li>
    </div>
    <div class="menuitems">
        <li><a href="#" onclick="limitview1()">限制设定</a></li>
    </div>

    <div class="menuitems">
        <li><a href="#" onclick="langview()">语言查看</a></li>
    </div>
    <div class="menuitems">
        <li><a href="#" onclick="resultview()">结果查看</a></li>
    </div>
    <div class="menuitems">
        <li><a href="#" onclick="openfile()">结果导出</a></li>
    </div>
    <div class="menuitems">
        <li><a href="#" onclick="">复制</a></li>
    </div>
    <div class="menuitems">
    <li><a href="#" onclick="">剪切</a></li>
    </div>
    <div class="menuitems">
        <li><a href="#" onclick="">粘贴</a></li>
    </div>
    <div class="menuitems">
        <li><a href="#" id="deleteimg">删除</a></li>
    </div>
</div>
```

图 8-92　中间部分布局代码

最右侧的布局代码如图 8-93 ~ 图 8-95 所示。

```
<div class="col-md-3">
<div class="limit1" id="zhuyemian">
    <div class="shuxingtitle">限制设置</div>
    <div class="shijian">时间范围</div>
    <div class="timeinput">
    <form class="form-horizontal">
        <div class="form-group">
            <label for="inputEmail3" class="col-sm-2 control-label">Begin</label>
                <div class="col-sm-10">
                    <input type="text" class="form-control" id="begin" placeholder="xxxx-xx-xx xx:xx:xx">
                </div>
        </div>

        <div class="form-group">
            <label for="inputPassword3" class="col-sm-2 control-label">End</label>
                <div class="col-sm-10">
                    <input type="text" class="form-control" id="end" placeholder="xxxx-xx-xx xx:xx:xx">
                </div>
        </div>
    </form>
</div>
<div class="kongjian">区域范围</div>
<div class="kongjianinput">
    <form class="form-horizontal">
        <div class="form-group">
            <label for="inputEmail3" class="col-sm-2 control-label">space</label>
                <div class="col-sm-10">
                    <input type="text" class="form-control" id="space" placeholder="如：北京">
                </div>
        </div>
    </form>
</div>
<div class="zhuangtai">状态设定</div>
<div class="zhuangtaiselect">
    <div class="radio">
        <label class="col-sm-6" style="margin-bottom: 5px;">
            <input type="radio" name="optionsRadios" id="zaike" value="option1">
                载客
        </label>
    </div>
```

图 8-93　右侧布局代码 a

```
    <div class="radio">
        <label class="col-sm-6" style="margin-bottom: 5px;">
            <input type="radio" name="optionsRadios" id="kongzai" value="option2">
                空载
        </label>
    </div>
    <div class="radio">
        <label class="col-sm-6">
            <input type="radio" name="optionsRadios" id="yunying" value="option2">
                运营
        </label>
    </div>
    <div class="radio">
        <label class="col-sm-6">
            <input type="radio" name="optionsRadios" id="tongyun" value="option2">
                停运
        </label>
    </div>
</div>
```

图 8-94　右侧布局代码 b

```
<div class="next">
    <div class="btn-group btn-group-sm" role="group" aria-label="...">
        <button type="button" class="btn btn-default" style="
            margin-top: 30px;
            margin-left: 200px;
            ">取消</button>
        <button type="button" class="btn btn-default" onclick="limitview2()" style="
            margin-top: 30px;
            " >下一步</button>
    </div>
</div>
</div>
```

图 8-95　右侧布局代码 c

第9章

软件开发角度——使用Python进行GUI开发

使用 Python 语言，可以通过多种 GUI 开发库进行 GUI 开发，包括内置在 Python 中的 Tkinter，以及优秀的跨平台 GUI 开发库 PyQt 和 wxPython 等。在本章中，我们将以 Tkinter 为例，介绍 Python 语言中的用户界面开发的相关知识，并在本章的最后带领读者完成一个有趣的三连棋游戏设计。

9.1　使用 Python 进行 GUI 编程的基础概念

下面我们将简要介绍 GUI 编程中的一些基础概念。

9.1.1　窗口与组件

在 GUI 开发过程中，我们需要先创建一个顶层窗口，该窗口是一个容器，可以存放程序所需的各种按钮、下拉框、单选框等组件。每种 GUI 开发库都拥有大量的组件，可以说一个 GUI 程序就是由各种不同功能的组件组成的。

顶层窗口作为一个容器，包含了所有的组件；而组件本身亦可充当一个容器，包含其他的一些组件。这些包含其他组件的组件称为父组件，被包含的组件称为子组件。这是一种相对的概念，组件的所属关系通常可以用树来表示。

9.1.2　事件驱动与回调机制

当每个 GUI 组件都构建并布局完毕后，程序的界面设计阶段就算完成了。但是此时的用户界面只能看而不能用，接下来我们还需要为每个组件添加相应的功能。

用户在使用 GUI 程序时，会进行各种操作，例如鼠标移动、鼠标单击、按下键盘按键等，这些操作均称为事件。同时，每个组件也对应着一些自己特有的事件，例如在文本框中输入文本、拖拉滚动条等。可以说，整个 GUI 程序都是在事件驱动下完成各项功能的。GUI 程序从启动时就会一直监听这些事件，当某个事件发生时，程序会调用对应的事件处理函数做出相应的响应，这种机制被称为回调，而事件对应的处理函数被称为回调函数。

因此，为了让一个 GUI 界面具有预期功能，我们只需为每个事件编写合理的回调函数即可。

9.2　Tkinter 的主要组件

Tkinter 是标准的 Python GUI 库，可以帮助我们快速而容易地完成一个 GUI 应用程序的开发。使用 Tkinter 库创建一个 GUI 程序只需要以下几个步骤。

- 导入 Tkinter 模块。
- 创建 GUI 应用程序的主窗口（顶层窗口）。
- 添加完成程序功能所需要的组件。
- 编写回调函数。
- 进入主事件循环，对用户触发的事件做出响应。

代码清单 9-1 展示了前两个步骤，通过这段代码我们可以创建出图 9-1 所示的空白主窗口。

代码清单 9-1　blankWindow. py

```
1   #coding:utf-8
2
```

```
3    importTkinter              #导入 Tkinker 模块

4

5    top = Tkinter. Tk()        #创建应用程序主窗口

6    top. title(u"主窗口")

7    top. mainloop()            #进入事件主循环
```

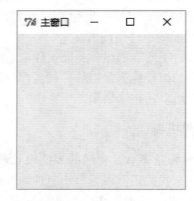

图 9-1　空白窗口

在本节接下来的部分中，我们将介绍如何在这个空白的主窗口上构建需要的组件，而如何将这些组件与事件绑定，将在下一节中以实例的形式展示。

9.2.1　标签

标签（Label）是用来显示图片和文本的组件，可以用来给一些其他组件添加所要显示的文本。下面我们将为上面创建的主窗口添加一个标签，在标签内显示两行文字，如代码清单 9-2 所示。

代码清单 9-2　testLabel. py

```
1    #coding:utf - 8

2

3    fromTkinter import *

4

5    top = Tk()

6    top. title(u"主窗口") 、

7    label = Label(top,text = "Hello World, \nfrom Tkinter")   #创建标签组件

8    label. pack()                                             #将组件显示出来

9    top. mainloop()                                           #进入事件主循环
```

在代码中，text 只是 Label 的一个属性，如同其他组件一样，Label 还提供了很多设置，可以改变其外观或行为，具体细节可以参考 Python 开发的相关操作。

代码清单 9-2 对应的程序运行结果，如图 9-2 所示。

图 9-2　标签

9.2.2　框架

框架（Frame）是其他各种组件的容器，通常用来包含一组控件的主体。我们可以定制框架的外观，代码清单 9-3 中展示了如何定义不同样式的框架。

代码清单 9-3　testFrame. py

```
1   #coding:utf - 8

1   fromTkinter import *

3   top = Tk()
4   top. title(u"主窗口")
5   for relief_setting in ["raised", "flat", "groove", "ridge", "solid", "sunken"]:
6       frame = Frame(top,borderwidth =2, relief =relief_setting)  #定义框架
7       Label(frame,text =relief_setting, width =10).pack()
8       #显示框架，并设定向左排列，左右、上下间隔距离均为 5 像素
9       frame. pack(side =LEFT, padx =5, pady =5)
10  top. mainloop()  #进入事件主循环
```

代码的运行结果如图 9-3 所示。我们可以从这一列并排的框架中看到不同样式的区别。其中，为了显示浮雕模式的效果，我们必须将宽度 borderwidth 设置为大于或等于 2 的值。

框架在图形界面构建中的使用详见 9.2.4 节。

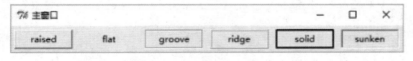

图 9-3　框架效果

9.2.3　按钮

按钮（Button）是接受用户鼠标单击事件的组件。我们可以使用按钮的 command 属性为每个按钮绑定一个回调程序，用于处理按钮单击时的事件响应。同时，我们也可以通过 state

属性禁用一个按钮的单击行为。代码清单 9-4 展示了这个功能。

代码清单 9-4   testButton. py

```
1  #coding:utf-8
2
3  fromTkinter import *
4
5  top = Tk()
6  top. title(u"主窗口")
7  bt1 = Button(top, text = u"禁用", state = DISABLED)    #将按钮设置为禁用状态
8  bt2 = Button(top, text = u"退出", command = top. quit)   #设置回调函数
9  bt1. pack(side = LEFT)
10 bt2. pack(side = LEFT)
11 top. mainloop()      #进入事件主循环
```

　　程序运行结果如图 9-4 所示。我们可以明显地看到"禁用"按钮是呈灰色显示的，并且单击该按钮不会有任何反应；"退出"按钮被绑定了回调函数 top. quit，当单击该按钮后，主窗口会从主事件循环 mainloop 中退出。

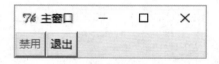

图 9-4   按钮效果

9.2.4   输入框

　　输入框（Entry）是用来接收用户文本输入的组件。代码清单 9-5 展示了一个登录页面的界面构建。

代码清单 9-5   testEntry. py

```
1  #coding:utf-8
2
3  fromTkinter import *
4
5  top = Tk()
6  top. title(u"登陆")
7  #第一行框架
8  f1 = Frame(top)
```

```
 9   Label(f1,text=u"用户名").pack(side=LEFT)

10   E1 = Entry(f1,width=30)

11   E1.pack(side=LEFT)

12   f1.pack()

13   #第二行框架

14   f2 = Frame(top)

15   Label(f2,text=u"密  码").pack(side=LEFT)

16   E2 = Entry(f2,width=30)

17   E2.pack(side=LEFT)

18   f2.pack()

19   #第三行框架

20   f3 = Frame(top)

21   Button(f3,text=u"登陆").pack()

22   f3.pack()

23   top.mainloop()
```

代码的运行效果如图 9-5 所示。在上述代码中，利用了框架帮助我们布局其他的组件。在前两个框架组件中，我们分别加入了标签和输入框组件，提示并接受用户输入。在最后一个框架组件中，加入了"登录"按钮。

图 9-5   登录界面的效果

与按钮相同，我们可以通过将 state 属性设置为 DISABLED 的方式禁用输入框，以禁止用户输入或修改输入框中的内容，这里不再赘述。

9.2.5 单选按钮和复选按钮

单选按钮（Radiobutton）和复选按钮（Checkbutton）是提供给用户进行选择输入的两种组件，复选按钮通常称为复选框。前者是排他性选择，即用户只能选取一组选项中的一个选项；而后者可以支持用户选择多个选项。它们的创建方式也略有不同：当创建一组单选按钮时，我们必须将这一组单选按钮与一个相同的变量关联起来，以设定或获得单选按钮组当前的选中状态；当创建一个复选按钮时，我们需要将每一个选项与不同的变量相关联，以表示每个选项的勾选状态。同样，这两种按钮也可以通过 state 属性设置为禁用。

代码清单 9-6 为单选按钮的应用举例。

代码清单 9-6　testRadioButton. py

```
1   #coding:utf - 8

2

3   fromTkinter import *

4

5   top = Tk()

6   top. title(u"单选")

7   f1 = Frame(top)

8   choice = IntVar(f1)    #定义动态绑定变量

9   for txt, val in [('1', 1), ('2', 2), ('3', 3)]:

10      #将所有的选项与变量 choice 绑定

11      r = Radiobutton(f1,text = txt, value = val, variable = choice)

12      r. pack()

13

14  choice. set(1)    #设定默认选项

15  Label(f1,text = u"您选择了:").pack()

16  Label(f1,textvariable = choice).pack()    #将标签与变量动态绑定

17  f1. pack()

18  top. mainloop()
```

　　在这个例子中，我们将变量 choice 与三个单选按钮绑定，实现了一个单选框的功能。同时，变量 choice 也通过动态标签属性 textvariable 与一个标签绑定，当我们选择不同选项时，变量 choice 的值发生变化，并在标签中动态地显示出来。例如，我们选择了第二个选项，最下方的标签就会更新为 2，如图 9-6 所示。

图 9-6　单选按钮效果

　　复选按钮应用举例如代码清单 9-7 所示。

代码清单 9-7　testCheckButton. py

```
1   #coding:utf - 8

2
```

```
3   fromTkinter import *
4
5   top = Tk()
6   top.title(u"多选")
7   f1 = Frame(top)
8   choice = {}   #存放绑定变量的字典
9   cstr = StringVar(f1)
10  cstr.set("")
11
12  def update_cstr():
13      #被选中选项的列表
14      selected = [str(i) for i in [1, 2, 3] if choice[i].get() == 1]
15      #设置动态字符串 cstr,用逗号连接选中的选项
16  cstr.set(",".join(selected))
17
18  for txt, val in [('1', 1), ('2', 2), ('3', 3)]:
19      ch = IntVar(f1)   # 建立与每个选项绑定的变量
20      choice[val] = ch   #将绑定的变量加入字典 choice 中
21      r = Checkbutton(f1, text = txt, variable = ch, command = update_cstr)
22      r.pack()
23
24  Label(f1, text = u"您选择了:").pack()
25  Label(f1, textvariable = cstr).pack()   #将标签与变量字符串 cstr 绑定
26  f1.pack()
27  top.mainloop()
```

在本案例中，我们分别将三个不同的变量与三个复选按钮绑定，并为每个复选按钮设置了回调函数 update_cstr。当选中复选按钮时，回调函数 update_cstr 就会被触发，该函数会根据绑定变量的值确定每个复选按钮是否被勾选（当被勾选时，其对应的变量值为 1，否则为 0），并将勾选结果保存在以逗号分隔的动态字符串 cstr 中，最终该字符串会在标签中显示。例如，我们勾选了 2 和 3 两个复选按钮，在最下方的标签中就会显示这两个选项被选中的信息，如图 9-7 所示。

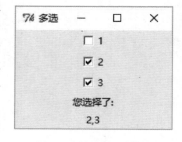

图 9-7　复选按钮效果

9.2.6 列表框与滚动条

列表框（Listbox）是用列表的形式展示多个选项以供用户选择。当列表比较长时，我们还可以为列表框添加一个滚动条（Scrollbar）以处理界面上显示不完全的情况。代码清单9-8是一个简单的例子，运行结果如图9-8所示。

代码清单9-8　testListbox. py

```python
1   # coding:utf - 8
2
3   fromTkinter import *
4
5   top = Tk()
6   top. title(u"列表框")
7   scrollbar = Scrollbar(top)   #创建滚动条
8   scrollbar. pack(side = RIGHT, fill = Y)   #设置滚动条布局
9   #将列表与滚动条绑定,并加入主窗体
10  mylist = Listbox(top, yscrollcommand = scrollbar. set)
11  for line in range(20):
12      mylist. insert(END, str(line))   #向列表尾部插入元素
13
14  mylist. pack(side = LEFT, fill = BOTH)   #设置列表布局
15  scrollbar. config(command = mylist. yview)   #将滚动条行为与列表绑定
16
17  mainloop()
```

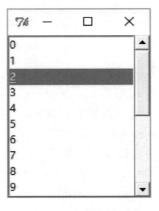

图9-8　列表框与滚动条

9.2.7 画布

我们可以使用 create_rectangle、create_oval、create_arc、create_plolygon 和 create_line 函数分别在画布上绘制出矩形、椭圆、圆弧、多边形和线段。

代码清单 9-9 显示了如何使用画布空间，本段程序显示了一个矩形、一个椭圆、一段圆弧、一个多边形、两条线段和一个字符串。这些对象都由按钮控制，程序的输出结果如图 9-9 所示。

代码清单 9-9　canvasDemo. py

```
1   from Tkinter import *
2
3
4   class CanvasDemo:
5       def __init__(self):
6           window = Tk()
7           window.title('Canvas Demo')   #设置标题
8
9           #放置画布
10          self.canvas = Canvas(window, width=200, height=100, bg='white')
11          self.canvas.pack()
12
13          #放置按钮
14          frame = Frame(window)
15          frame.pack()
16          btRectangle = Button(frame, text='Rectangle',
17                               command=self.displayRect)
18          btOval = Button(frame, text='Oval',
19                          command=self.displayOval)
20          btArc = Button(frame, text='Arc',
21                         command=self.displayArc)
22          btPolygon = Button(frame, text='Polygon',
23                             command=self.displayPolygon)
24          btLine = Button(frame, text='Line',
25                          command=self.displayLine)
26          btString = Button(frame, text='String',
```

```
27                          command = self.displayString)
28        btClear  =  Button(frame, text = 'Clear',
29                          command = self.clearCanvas)
30        btRectangle. grid(row = 1, column = 1)
31        btOval. grid(row = 1, column = 2)
32        btArc. grid(row = 1, column = 3)
33        btPolygon. grid(row = 1, column = 4)
34        btLine. grid(row = 1, column = 5)
35        btString. grid(row = 1, column = 6)
36        btClear. grid(row = 1, column = 7)
37
38        window. mainloop()    # 进入主循环
39
40     #显示矩形
41     def displayRect(self):
42        self. canvas. create_rectangle(10, 10, 190, 90,
43                          tags = 'rect')
44
45     #显示椭圆
46     def displayOval(self):
47        self. canvas. create_oval(10, 10, 190, 90,
48                          fill = 'red', tags = 'oval')
49
50     #显示圆弧
51     def displayArc(self):
52        self. canvas. create_arc(10, 10, 190, 90,
53            start = 0, extent = 90, width = 8, fill = 'red', tags = 'arc')
54
55     #显示多边形
56     def displayPolygon(self):
57        self. canvas. create_polygon(10, 10, 190, 90, 30, 50,
58                          tags = 'polygon')
59
```

```
60        #显示线段
61        def displayLine(self):
62            self.canvas.create_line(10, 10, 190, 90,
63                        fill='red', tags='line')
64            self.canvas.create_line(10, 90, 190, 10, width=9,
65                arrow='last', activefill='red', tags='line')
66
67        #显示字符串
68        def displayString(self):
69            self.canvas.create_text(60, 40, text='Hi, Canvas',
70                font="Times 10 bold underline", tags='string')
71
72        #清空画布
73        def clearCanvas(self):
74            self.canvas.delete('rect', 'oval', 'arc', 'polygon', 'line', 'string')
75
76    CanvasDemo()
```

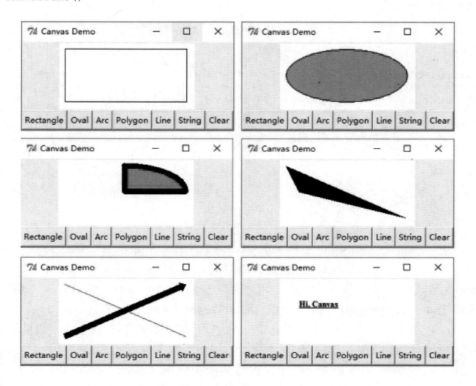

图 9-9　在画布上绘制几何图形和字符串

9.2.8 标准对话框

最后，让我们来学习 Tkinter 标准对话框（通常简称为对话框）的应用。代码清单 9-10 给出了使用标准对话框的例子。程序的运行结果如图 9-10 所示。

代码清单 9-10   dialogDemo. py

```
1   import tkMessageBox
2   import tkSimpleDialog
3
4   #普通信息对话框
5   tkMessageBox. showinfo("showinfo", "This is an info message. ")
6   #警告对话框
7   tkMessageBox. showwarning("showwarning", "This is a warning. ")
8   #错误对话框
9   tkMessageBox. showerror("showerror", "This is an error. ")
10  #是否对话框
11  isYes = tkMessageBox. askyesno("askyesno" < "Continue?")
12  printisYes
13  # OK/取消对话框
14  isOK = tkMessageBox. askokcancel("askokcancle", "OK?")
15  printisOK
16  # Yes/No/取消对话框
17  isYesNoCancle = tkMessageBox. askyesnocancel("askyesnocancel",
18                              "Yes, No,Cancle?")
19  printisYesNoCancle
20  #填写信息对话框
21  name =tkSimpleDialog. askstring("asksttring", "Enter you name")
22  print name
```

程序调用 showinfo、showwarning 和 showerror 函数来显示一条消息（第 5 行）、一个警告（第 7 行）和一个错误（第 9 行）。这些函数都被定义在 tkMessageBox 模块中。

askyesno 函数在对话框中显示"是"和"否"按钮（第 11 行）。如果单击"是"按钮，则函数返回 True；而如果单击"否"按钮，则函数返回 False。

askokcancle 函数在对话框中显示"确定"和"取消"按钮（第 14 行）。如果单击"确定"按钮，则函数返回 True；如果单击"取消"按钮，则函数返回 False。

askyesnocancle 函数（第 17 和 18 行）在对话框中显示"是""否"和"取消"按钮。如果单击"是"按钮，则函数返回 True；如果单击"否"按钮，则函数返回 False；而如果单击"取消"按钮，则函数返回 None。

askstring 函数（第 21 行）会在单击对话框中的"确定"按钮时，返回对话框中输入的字符串。而单击"取消"按钮时，则返回 None。

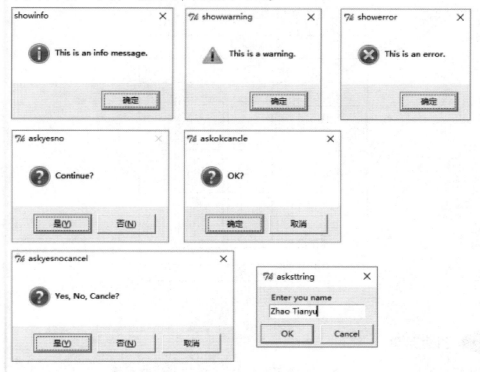

图 9-10　标准对话框

由于篇幅所限，本节没有介绍的组件（例如菜单 Menu）和相关组件设置，将通过下一节的实例向读者展示，更多的组件及细节可以参考 Python 的官方文档。

9.3 实例：使用 Tkinter 进行 GUI 编程——三连棋游戏

在本节中，我们将通过一个真实的项目帮助读者进一步掌握使用 Tkinter 进行 GUI 编程的相关操作。这个项目是一个有趣的三连棋游戏，与五子棋类似，游戏规则是：两玩家在一个 3×3 的棋盘上交替落子，首先在横、竖或对角线方向连满三个棋子的玩家胜利。

在这个项目的开发过程中，我们首先设计用户界面，然后依次创建菜单和游戏面板，随后将游戏逻辑与界面连接起来。这个过程体现了模型 – 视图 – 控制器（MVC）的设计模式，其中，用户界面被称为视图，游戏逻辑层和数据层为模型，控制器中的代码负责视图和模型间的交互和依赖关系。

9.3.1　用户界面设计

在创建一个 GUI 界面之前，我们首先要制作一个设计草图，指明在界面中应该添加哪些组件以及如何排列这些组件。

在三连棋游戏中，我们希望有一个菜单栏和一个游戏面板。菜单栏中包括"文件"和"帮助"两个下拉菜单，前者包含"新游戏""恢复""保存"和"退出"菜单项，而后者包含"帮助"和"关于"菜单项。游戏面板主要包含由九个按钮构成的 3×3 棋盘和一个置于窗口底端的状态栏。其布局方式如图 9-11 所示。

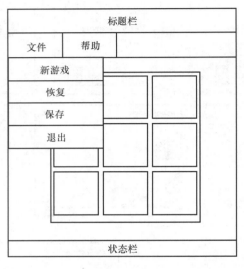

图 9-11　布局方式

9.3.2　创建菜单

相比于 9.2 节介绍的组件，Tkinter 中菜单（Menu）的创建要稍微复杂一些。为了创建一个菜单，我们需要按以下步骤进行操作。

- 创建一个顶层菜单对象。
- 创建下拉子菜单对象。
- 利用子菜单的 add_ command 方法添加菜单项，并绑定回调函数。
- 利用顶层菜单的 add_ cascade 方法将下拉子菜单添加到顶层菜单中。
- 将顶层菜单对象与主窗口绑定。

通过代码清单 9-11，我们为三连棋游戏创建了菜单栏，运行效果如图 9-12 所示。

代码清单 9-11　testMenuBar. py

```
1  #coding:utf - 8

2

3  importTkinter as tk
4  importtkMessageBox as mb    #导入消息框

5

6  top = tk. Tk()

7
```

```
8
9    def buildMenu(parent):
10       menus = (
11           (u"文件", ((u"新游戏", evNew),
12                    (u"恢复", evResume),
13                    (u"保存", evSave),
14                    (u"退出", evExit))),
15           (u"帮助", ((u"帮助", evHelp),
16                    (u"关于", evAbout)))
17       )
18       #建立顶层菜单对象
19       menubar = tk.Menu(parent)
20       for menu in menus:
21           #建立下拉子菜单对象
22           m = tk.Menu(parent)
23           for item in menu[1]:
24               #向下拉子菜单中添加菜单项
25               m.add_command(label=item[0], command=item[1])
26           #向顶层菜单中添加子菜单("文件"和"帮助")
27           menubar.add_cascade(label=menu[0], menu=m)
28       return menubar
29
30   def dummy():
31       mb.showinfo("Dummy", "Event to be done")
32
33   evNew = dummy
34   evResume = dummy
35   evSave = dummy
36   evExit = top.quit
37   evHelp = dummy
38   evAbout = dummy
39   #创建菜单
40   mbar = buildMenu(top)
```

```
41    #将菜单与主窗口绑定
42    top["menu"] = mbar
43    tk.mainloop()
```

图 9-12　添加菜单栏的效果

在上面的代码中，我们首先将菜单结构定义在一个嵌套元组 menus 里，然后使用循环的方式将菜单项加入子菜单，以及将子菜单加入顶层菜单，这种方式可以为我们避免大量重复代码的输入。需要说明的是，在本小节中我们并没有实现菜单项的具体功能，除"退出"菜单项外，都只与一个测试函数 dummy 绑定。

9.3.3　创建游戏面板

创建完菜单后，就要开始游戏面板的创建了。首先创建一个框架来作为游戏面板的容器，随后在该框架中依次构建由九个按钮组成的棋盘和一个标签充当的状态栏。同样，在本节中，只创建了游戏面板的界面，而界面中按钮的功能没有被实现，它们的单击事件与一个测试函数 evClick 绑定。

代码清单 9-12 是游戏面板创建部分的代码，这里只列出了上一小节新增的部分，运行效果如图 9-13 所示。

代码清单 9-12　testBoard.py

```
1    #coding:utf-8
2
3    import Tkinter as tk
4    import tkMessageBox as mb
5
6    top = tk.Tk()
7
8    def evClick(row, col):
```

```
 9          mb. showinfo(u"单元格", u"被点击的单元格: 行:{}, 列:{}". format(row, col))
10
11    def buildBoard(parent):
12         outer = tk. Frame(parent, border = 2, relief = "sunken")
13         inner = tk. Frame(outer)
14         inner. pack()
15         #创建棋盘上的按钮(棋子)
16         for row in range(3):
17              for col in range(3):
18                   cell = tk. Button(inner, text = " ", width = "5", height = "2",
19                                     command = lambda r = row, c = col: evClick(r, c))
20                   cell. grid(row = row, column = col)
21         return outer
22
23    #创建棋盘
24    board = buildBoard(top)
25    board. pack()
26    #创建状态栏
27    status = tk. Label(top, text = u"测试", border = 0,
28                       background = "lightgrey", foreground = "red")
29    status. pack(anchor = "s", fill = "x", expand = True)
30    tk. mainloop()
```

图 9-13 游戏面板运行效果

9.3.4 将用户界面与游戏连接

由于采取了 MVC 的设计模式,我们将逻辑层(游戏功能)和表示层(用户界面)的开发过程分开,因此在前面的两个小节中,只构建了用户界面,而没有实现任何功能。在本小节中,我们首先实现游戏功能,然后将游戏功能与用户界面连接起来,构成一个完整的 GUI 程序。

代码清单 9-13 给出的 oxo_data 模块主要负责游戏数据的保存与读取,代码清单 9-14 给出的 oxo_logic 模块主要负责三连棋的游戏逻辑。

代码清单 9-13 oxo_data. py

```
 1   #coding:utf-8
 2
 3   import os. path
 4
 5   game_file = "oxogame. dat"
 6
 7   #获取文件路径以保存和读取游戏
 8   def _getPath():
 9       try:
10           game_path = os. environ['HOMEPATH'] or os. environ['HOME']
11           if not os. path. exists(game_path):
12               game_path = os. getcwd()
13       except (KeyError, TypeError):
14           game_path = os. getcwd()
15       return game_path
16
17   #将游戏保存到文件中
18   def saveGame(game):
19       path = os. path. join(_getPath(), game_file)
20       try:
21           with open(path, 'w') as gf:
22               gamestr = ''. join(game)
23               gf. write(gamestr)
24       except FileNotFoundError:
25           print("Failed to save file")
```

```
26
27    #从文件中恢复游戏对象
28    def restoreGame():
29        path = os.path.join(_getPath(), game_file)
30        with open(path) as gf:
31            gamestr = gf.read()
32            return list(gamestr)
```

代码清单 9-14　oxo_logic.py

```
1     #coding:utf-8
2
3     import random
4     import oxo_data
5
6
7     #返回一个新游戏
8     def newGame():
9         return list(" " * 9)
10
11    #存储游戏
12    def saveGame(game):
13        ' save game to disk '
14        oxo_data.saveGame(game)
15
16    #恢复存档游戏,若没有存档则返回新游戏
17    def restoreGame():
18        try:
19            game = oxo_data.restoreGame()
20            if len(game) == 9:
21                return game
22            else:
23                return newGame()
24        except IOError:
25            return newGame()
```

```
26
27    #随机返回一个空的可用棋盘位置,若棋盘已满则返回 -1
28    def _generateMove(game):
29        options = [i for i in range(len(game)) if game[i] == " "]
30        if options:
31            return random.choice(options)
32        else:
33            return -1
34
35    #判断玩家是否胜利
36    def _isWinningMove(game):
37        wins = ((0, 1, 2), (3, 4, 5), (6, 7, 8),
38                (0, 3, 6), (1, 4, 7), (2, 5, 8),
39                (0, 4, 8), (2, 4, 6))
40        for a, b, c in wins:
41            chars = game[a] + game[b] + game[c]
42            if chars == 'XXX' or chars == 'OOO':
43                return True
44        return False
45
46    def userMove(game, cell):
47        if game[cell] != ' ':
48            raise ValueError('Invalid cell')
49        else:
50            game[cell] = 'X'
51        if _isWinningMove(game):
52            return 'X'
53        else:
54            return""
55
56    def computerMove(game):
57        cell = _generateMove(game)
58        if cell == -1:
```

```
59          return 'D'
60      game[cell] = 'O'
61      if _isWinningMove(game):
62          return 'O'
63      else:
64          return""
```

游戏功能部分开发完之后，需要将用户界面与实际功能连接起来。在本游戏中，这主要是通过编写绑定在棋盘按钮上的 evClick 函数实现的。此外，还有一些琐碎的工作没有做，例如菜单事件处理程序的填充、状态栏内容的更新等。关于这些细节的处理，可以在下面的代码清单 9-15 的主模块中看到。

代码清单 9-15   tictactoe. py

```python
1   #coding:utf - 8
2
3   import Tkinter as tk
4   import tkMessageBox as mb
5   import oxo_logic   #游戏逻辑
6
7   top = tk. Tk()
8
9   #创建菜单
10  def buildMenu(parent):
11      menus = (
12          (u"文件", ((u"新游戏", evNew),
13                  (u"恢复", evResume),
14                  (u"保存", evSave),
15                  (u"退出", evExit))),
16          (u"帮助", ((u"帮助", evHelp),
17                  (u"关于", evAbout)))
18      )
19      menubar = tk. Menu(parent)
20      for menu in menus:
21          m = tk. Menu(parent)
22          for item in menu[1]:
```

```
23            m.add_command(label=item[0], command=item[1])
24         menubar.add_cascade(label=menu[0], menu=m)
25      return menubar
26
27   #新游戏事件
28   def evNew():
29       status['text'] = u"游戏中"
30       game2cells(oxo_logic.newGame())
31
32   #恢复游戏事件
33   def evResume():
34       status['text'] = u"游戏中"
35       game = oxo_logic.restoreGame()
36       game2cells(game)
37
38   #存储游戏事件
39   def evSave():
40       game = cells2game()
41       oxo_logic.saveGame(game)
42
43   #退出游戏事件
44   def evExit():
45       if status['text'] == u"游戏中":
46           if mb.askyesno(u"退出", u"是否想在退出前保存?"):
47               evSave()
48       top.quit()
49
50   #帮助事件
51   def evHelp():
52       mb.showinfo(u"帮助", u'''
53   文件->新游戏:  开始一局新游戏
54   文件->恢复:恢复上次保存的游戏
55   文件->保存:保存现在的游戏.
```

```
56          文件 - >退出：退出游戏
57          帮助 - >帮助：帮助
58          帮助 - >关于：展示作者信息''')
59
60      #关于事件
61      def evAbout():
62          mb. showinfo(u"关于", u"由 ztyp1 开发的 GUI 演示程序")
63
64      #点击事件
65      def evClick(row, col):
66          if status['text'] = = u"游戏结束":
67              mb. showerror(u"游戏结束", u"游戏结束!")
68              return
69          game = cells2game()
70          index = (3 * row) + col
71          result = oxo_logic. userMove(game, index)
72          game2cells(game)
73
74          if not result:
75              result = oxo_logic. computerMove(game)
76              game2cells(game)
77          if result = = "D":
78              mb. showinfo(u"结果", u"平局!")
79              status['text'] =u"游戏结束!"
80          else:
81              if result = = "X" or result = = "O":
82                  mb. showinfo(u"游戏结果", u"胜方是：{}". format(result))
83                  status['text'] =u"游戏结束"
84
85
86      def game2cells(game):
87          table = board. pack_slaves()[0]
88          for row in range(3):
```

```
89              for col in range(3):
90                  table.grid_slaves(row=row,
91                                    column=col)[0]['text'] = game[3 * row + col]
92
93
94   def cells2game():
95       values = []
96       table = board.pack_slaves()[0]
97       for row in range(3):
98           for col in range(3):
99               values.append(table.grid_slaves(row=row, column=col)[0]['text'])
100      return values
101
102  #创建游戏板
103  def buildBoard(parent):
104      outer = tk.Frame(parent, border=2, relief="sunken")
105      inner = tk.Frame(outer)
106      inner.pack()
107
108      for row in range(3):
109          for col in range(3):
110              cell = tk.Button(inner, text=" ", width="5", height="2",
111                               command=lambda r=row, c=col: evClick(r, c))
112              cell.grid(row=row, column=col)
113      return outer
114
115
116  #创建菜单
117  mbar = buildMenu(top)
118  top["menu"] = mbar
119  #创建棋盘
120  board = buildBoard(top)
121  board.pack()
```

```
122    #创建状态栏
123    status = tk.Label(top,text = u"游戏中", border = 0,
124                        background = "lightgrey", foreground = "red")
125    status.pack(anchor = "s", fill = "x", expand = True)
126    #进入主循环
127    tk.mainloop()
```

最终的游戏界面效果，如图 9-14 所示。

图 9-14　最终游戏界面效果

第 10 章

软件工程角度——
界面设计综合实例

本节将分别以 Web 端和手机端的程序为例，从软件工程的角度来介绍整个界面设计流程。界面设计从需求分析出发，了解用户的需求，尤其是功能需求，功能需求将通过界面直接展现给用户；在准确获取和了解用户需求后，对需求进行建模，完备需求文档，根据需求划分界面模块，确定界面的交互逻辑和主题风格，进行原型设计，最后根据原型设计实现整个界面。

10.1 出租车大数据分析平台 Web 端页面

出租车大数据分析平台界面主要用于为用户提供可视化的计算界面和可视化的数据分析结果。

10.1.1 需求分析和建模

数据分析员是界面的主要用户，在总体需求中，分为用户信息和界面交互两个方面。其中用户信息包含用户登录和注册两个用例，界面交互包含计算过程交互、结果保存、图表查看三个用例。总体需求的用例如图 10-1 所示。

在总体需求基础上，页面的主要用例在页面交互部分，计算交互、文件保存、图表分析三个用例是页面的核心，其中又包含和扩展了一些功能和用例。详细需求用例如图 10-2 所示。

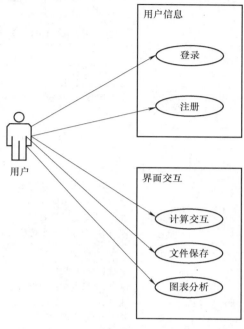

图 10-1 总体需求用例图

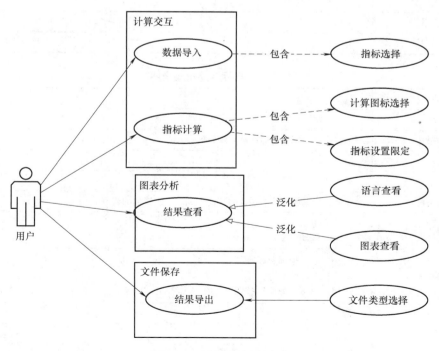

图 10-2 详细需求用例图

从用例图中可以看出，除了登录、注册两个用例未列出，该页面主要包含了数据导入、指标计算、结果查看、结果导出等 10 个用例。每个用例的详细用例说明如表 10-1 ~ 表 10-10 所示。

表 10-1　数据导入用例说明

描　述　项	说　　明
用例	数据导入
用例描述	用户将要处理的数据导入到页面系统中
参与者	用户
前置条件	用户已选择要计算的指标图标
后置条件	如果这个用例成功，系统后台会生成关于该指标的一个实例
基本操作流程	1. 用户拖动要计算的指标图标到编辑区 2. 用户右击该图标 3. 用户单击"数据导入"按钮 4. 用户选择符合系统格式的数据文件
可选操作流程	1. 用户选择数据文件不符合系统要求 2. 根据错误提示栏重新进行数据导入操作 3. 用户选择指标图标错误 4. 用户右击图标 5. 用户单击"删除"按钮
被泛化用例	无
被包含用例	指标选择
被扩展用例	无

表 10-2　指标选择用例说明

描　述　项	说　　明
用例 .	指标选择
用例描述	用户将要计算的指标拖动到编辑区
参与者	用户
前置条件	无
后置条件	如果这个用例成功，系统会自动生成一个该指标的实例
基本操作流程	1. 用户单击要计算的指标图标 2. 用户拖动该图标至编辑区
可选操作流程	1. 用户选择指标图标错误 2. 用户右击图标 3. 用户单击"删除"按钮
被泛化用例	无
被包含用例	无
被扩展用例	无

表 10-3 指标计算用例说明

描 述 项	说 明
用例	指标计算
用例描述	用户对所指定的指标进行计算
参与者	用户
前置条件	对指标的计算范围进行限定，并选定计算方式
后置条件	如果这个用例成功，系统后台会对指标进行相关计算
基本操作流程	1. 用户将要计算的指标图标拖拽至编辑区 2. 用户右击指标图标 3. 用户单击"限定设置"按钮 4. 用户对该指标进行相关限定 5. 用户单击"运行"按钮进行限定计算 6. 用户拖动"连接"图标至编辑区 7. 用户拖动要计算的图标至编辑区 8. 用户单击工具栏的"运行"图标
可选操作流程	1. 用户选择图标错误 2. 用户右击图标 3. 用户单击"删除"按钮 4. 用户操作错误 5. 错误提示栏提示错误信息 6. 用户限定不合格 7. 错误提示栏提示错误信息
被泛化用例	无
被包含用例	计算图标选择、指标设置限定
被扩展用例	无

表 10-4 计算图标选择用例说明

描 述 项	说 明
用例	计算图标选择
用例描述	用户将要进行计算的图标拖拽至编辑区
参与者	用户
前置条件	编辑区有指标图标和连接图标
后置条件	如果这个用例成功，系统后台会对指标进行相关计算
基本操作流程	1. 用户将要计算的指标图标拖拽至编辑区 2. 用户右击指标图标 3. 用户单击"限定设置"按钮 4. 用户对该指标进行相关限定 5. 用户单击"运行"按钮进行限定计算 6. 用户拖拽"连接"图标至编辑区 7. 用户拖拽要计算的图标至编辑区

（续）

描 述 项	说 明
可选操作流程	1. 用户选择图标错误 2. 用户右击图标 3. 用户单击"删除"按钮 4. 用户操作错误 5. 错误提示栏提示错误信息
被泛化用例	无
被包含用例	无
被扩展用例	无

表 10-5　指标设置限定用例说明

描 述 项	说 明
用例	指标设置限定
用例描述	用户对指标进行条件筛选
参与者	用户
前置条件	用户指定限定指标
后置条件	如果这个用例成功，系统会自动生成限定语言
基本操作流程	1. 用户将要计算的指标图标拖拽至编辑区 2. 用户右击指标图标 3. 用户单击"限定设置"按钮 4. 用户对该指标进行相关限定
可选操作流程	1. 用户选择图标错误 2. 用户右击图标 3. 用户单击"删除"按钮 4. 用户限定语法错误 5. 错误提示栏提示错误信息 6. 用户单击"重置"按钮修改限定
被泛化用例	无
被包含用例	无
被扩展用例	无

表 10-6　结果查看用例说明

描 述 项	说 明
用例	结果查看
用例描述	用户对指标计算结果进行查看
参与者	用户
前置条件	用户导入了数据或对指标进行了限定或计算
后置条件	如果这个用例成功，系统将会向用户提供可视化数据计算结果
基本操作流程	1. 用户右击计算好的指标图标按钮 2. 用户单击"结果查看"或"语言查看"按钮

（续）

描　述　项	说　　明
可选操作流程	无
被泛化用例	语言查看、图表查看
被包含用例	无
被扩展用例	无

表 10-7　语言查看用例说明

描　述　项	说　　明
用例	语言查看
用例描述	用户对指标限定结果进行语言查看
参与者	用户
前置条件	用户对指标进行了限定
后置条件	如果这个用例成功，用户会看到限定集合语言
基本操作流程	1. 用户右击已经过限定计算的指标图标 2. 用户单击"语言查看"按钮
可选操作流程	无
被泛化用例	无
被包含用例	无
被扩展用例	无

表 10-8　图表查看用例说明

描　述　项	说　　明
用例	图表查看
用例描述	用户对指标计算结果进行可视化图表查看
参与者	用户
前置条件	用户对指标进行了限定和计算
后置条件	如果这个用例成功，用户会看到计算结果以图表表示
基本操作流程	1. 用户右击已经过计算的指标图标 2. 用户单击"结果查看"按钮 3. 用户选择需要查看的图表类型 4. 用户单击"查看"按钮
可选操作流程	无
被泛化用例	无
被包含用例	无
被扩展用例	无

表 10-9 结果导出用例说明

描　述　项	说　　明
用例	结果导出
用例描述	用户对指标计算结果进行结果导出
参与者	用户
前置条件	用户对指标进行了限定和计算
后置条件	如果这个用例成功，计算结果保存到指定路径
基本操作流程	1. 用户右击已经过计算的指标图标 2. 用户单击"结果导出"按钮
可选操作流程	无
被泛化用例	无
被包含用例	文件类型选择
被扩展用例	无

表 10-10 文件类型选择用例说明

描　述　项	说　　明
用例	文件类型选择
用例描述	用户对导出的文件进行类型选择
参与者	用户
前置条件	用户对指标进行了限定和计算
后置条件	如果这个用例成功，计算结果保存到指定路径
基本操作流程	1. 用户右击已经过计算的指标图标 2. 用户单击"结果导出"按钮 3. 用户选择导出类型 4. 用户单击"结果导出"按钮
可选操作流程	无
被泛化用例	无
被包含用例	无
被扩展用例	无

10.1.2 功能模块划分

出租车大数据分析平台的主要功能是提供可视化的数据分析和数据结果展示。在这两大功能的基础上，增添更多的功能，如数据导入和限定设置等。用户使用该页面导入数据，对数据进行分析，然后查看结果。该界面将实现的功能流程图如图 10-3 所示。

用户打开该页面，从指标图标栏里选择要进行运算的图标，将其拖动到编辑区，右击图标进行数据导入，若数据格式错误，错误提示栏会跳出提示错误提示。右击图标，对导入的数据进行限定设置，如日期限定和空间限定等，限定设置结束后可以对限定语言进行查看，也可将目前的限定语言导出。用户可接着从运算图标栏选择运算图标继续对数据进行运算。

运算结束后，可以右击查看结果，最后也可将结果导出，结束这次数据分析。以上就是整个页面的基本流程。

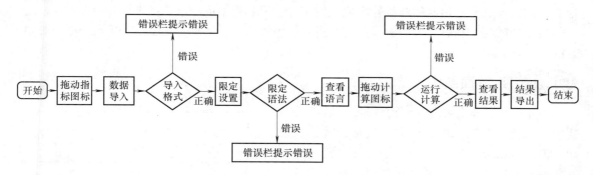

图 10-3　功能流程图

按照以上的业务需求和流程图，我们可以将出租车大数据分析平台 Web 端界面分成 5 个主要功能模块，如图 10-4 所示。

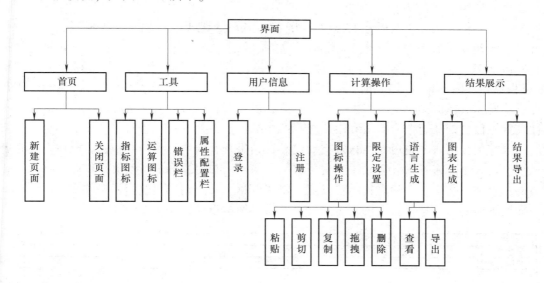

图 10-4　界面功能模块图

根据业务需求分析，将平台设计划分为 5 个功能模块，然后在每个主要模块下划分出更细致的功能模块。

（1）首页模块：主要是将页面的架构搭建出来，在导航栏的文件下拉列表中，可实现新建页面和关闭页面功能。

（2）工具模块：是规划在首页里的工具栏，包括指标图标栏、运算图标栏、错误栏和属性配置栏，体现出页面主要由这几部分组成。

（3）用户信息模块：包括用户登录和用户注册两个部分。

（4）计算操作模块：是页面的核心模块之一，包括图标操作、限定设置和语言生成三个部分。其中图标操作又包括对指标图标和运算图标的粘贴、剪切、复制、拖动、删除。语言生成包括查看语言和导出语言。限定设置功能也包括时间限定、空间限定等。

（5）结果展示模块：也是页面的核心模块之一，包括图表生成和结果导出，其中结果导出是指将最后分析出来的数据导出成文本文件，或是将生成的图表和地图热点图导出。

生成功能模块图后，页面的设计将根据功能模块来逐一实现，最后达到实现整个页面的目的。

10.1.3　界面结构

出租车大数据分析平台页面需要给数据分析员提供可视化的数据分析过程和可视化的数据分析结果，方便数据分析员做分析。基于这个需求，页面在数据分析过程可视化方面将采用图标代表运算指标的方式，对图标进行选择，拖动至编辑区，再进行相应的运算。页面的基本架构设计如图10-5所示。

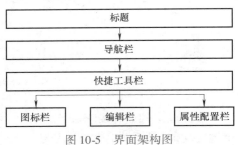

图 10-5　界面架构图

由界面架构图可以看出，该页面从上到下依次由标题、导航栏、快捷工具栏、图标栏（指标和运算）、编辑栏和属性配置栏组成。其中标题就是"出租车大数据分析平台"，导航栏包括：文件、编辑、工具、帮助等下拉框，快捷工具栏包括新建、粘贴、复制等基本功能的快捷图标，图标栏放置代表运算指标的图标（如里程指标、时间指标等）和代表运算的运算符号图标（如加号、减号等），编辑栏为用户提供了便于编辑的图标进行数据分析和运算，属性配置栏可以对所选的图标进行限定，在属性配置栏位置处还有语言查看和结果查看两个编辑栏，其中语言查看是查看对数据进行限定后的限定集合语言，也可对语言进行导出。在结果查看模块，用户可根据自己的需要选择柱状图、折线图等来查看计算结果，也可将结果导出。在对图标进行运算操作时，如果有操作错误，页面会跳出一个错误提示栏来显示错误信息，便于用户更改错误。

根据页面的基本架构设计图，可进行页面布局架构设计，如图10-6所示。

标题		
导航栏		
快捷工具栏		
指标图标栏	编辑栏	属性配置栏
运算图标栏		

图 10-6　界面布局架构

　　根据页面架构的设计，来确定页面所采用的布局方式，根据这种布局方式可以确定每一个模块所放置的内容。

10.1.4　界面实现

　　在编码阶段，页面的主要搭建选择 HTML + CSS + JavaScript 的组合编码方式，其中框架采用了 Bootstrap 的部分，如导航栏、文本框等。在图标的选用方面，放弃了 Bootstrap 提供的图标，采用了阿里 Iconfont 矢量图标库里的图标。由于出租车大数据分析平台的后台目前还没有跟上前端，所以在数据导入功能模块没有返回值。关于数据计算方面，前端仅仅提供了部分的数据接口。在结果展示功能上，没有具体数据可运用，展示的是直接写入前端的数据。出租车大数据分析平台具体实现的效果，如图 10-7 ~ 图 10-11 所示。

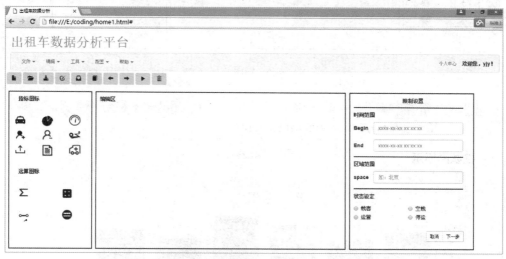

图 10-7　界面效果 a

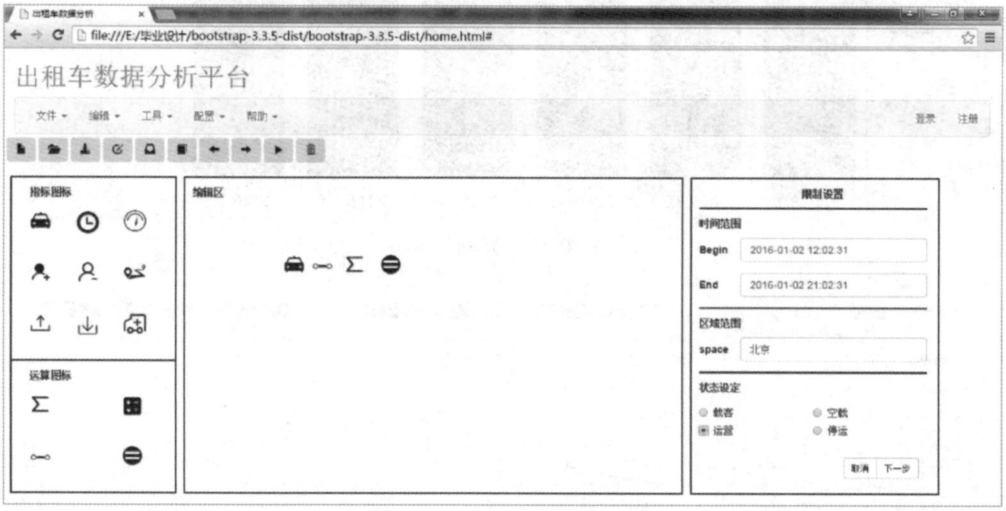

图 10-8　界面效果 b

限于页面篇幅，具体的实现代码读者可自行下载本书随书附赠的源代码进行学习。

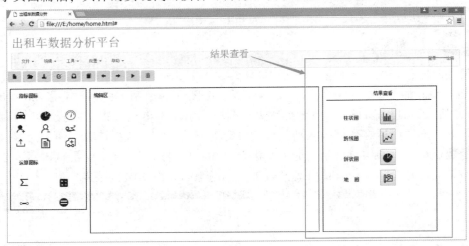

图 10-9　界面效果 c

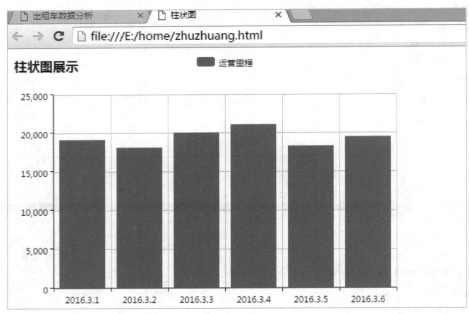

图 10-10　界面效果 d

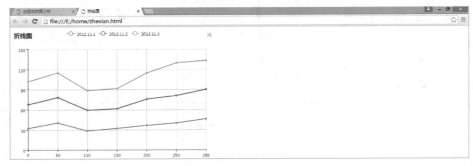

图 10-11　界面效果 e

10.2 "天天生鲜" 购物平台 Web 界面

"天天生鲜" 购物平台提供了一个购买水果生鲜的渠道，用户可以通过该平台浏览生鲜商品，下单购买商品并跟踪商品物流。

10.2.1 需求分析和建模

整个生鲜购物平台的总体需求分为用户个人账户管理、订单管理和商品购买三个大的用例，总体需求用例如图 10-12 所示。

在总体需求基础上，页面的主要用例在页面交互部分，计算交互、文件保存、图表分析三个用例是页面的核心，其中又包含和扩展了一些功能和用例。详细需求用例如图 10-13 所示。

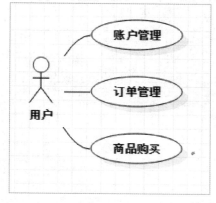

图 10-12 总体需求用例图

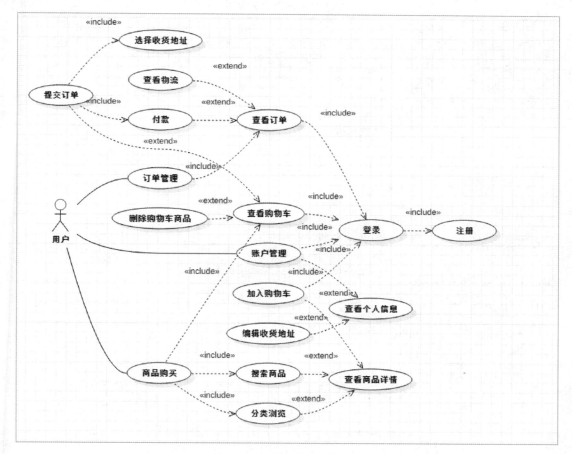

图 10-13 详细需求用例图

从用例图中可以看出，整个生鲜购物系统包括了登录、注册、查看订单、搜索商品等用例。每个用例的详细用例说明如表 10-11 ~ 表 10-28 所示。

表 10-11 登录用例说明

描 述 项	说 明
用例	登录
用例描述	用户填写用户名和密码，登录到系统中
参与者	用户
前置条件	用户账户已经注册成功
后置条件	如果这个用例成功，系统跳转到已登录页面
基本操作流程	1. 用户单击"登录"按钮 2. 根据提示输入用户名与密码 3. 单击"登录"按钮
可选操作流程	输入内容不合法时，系统提示错误

表 10-12 注册用例说明

描 述 项	说 明
用例	注册
用例描述	游客注册成为生鲜系统用户
参与者	游客
前置条件	无
后置条件	如果这个用例成功，注册信息加入系统数据库
基本操作流程	1. 用户单击"注册"按钮 2. 根据提示输入用户名和密码等信息 3. 勾选同意用户协议 3. 单击"注册"按钮
可选操作流程	输入内容不合法时，系统提示错误

表 10-13 查看个人信息用例说明

描 述 项	说 明
用例	查看个人信息
用例描述	用户在用户中心查看个人信息
参与者	用户
前置条件	用户成功登录到系统中
后置条件	如果这个用例成功，系统跳转至用户中心页面
基本操作流程	1. 用户单击"用户中心"按钮 2. 系统跳转到用户中心页面
可选操作流程	无

表 10-14　编辑收货地址用例说明

描　述　项	说　明
用例	编辑收货地址
用例描述	用户新增或修改收货地址
参与者	用户
前置条件	用户成功登录系统，并进入到用户中心页面
后置条件	如果这个用例成功，系统后台保存用户修改的地址或增加的地址
基本操作流程	1. 用户单击"收货地址"按钮 2. 用户根据提示编辑收货地址
可选操作流程	输入不合法，系统提示错误

表 10-15　查看订单用例说明

描　述　项	说　明
用例	查看订单
用例描述	用户在用户中心查看个人订单
参与者	用户
前置条件	用户进入用户中心页面
后置条件	如果这个用例成功，系统跳转到个人订单
基本操作流程	1. 用户单击"全部订单"按钮 2. 系统跳转到全部订单页面
可选操作流程	无

表 10-16　查看物流用例说明

描　述　项	说　明
用例	查看物流
用例描述	用户对下单物品的物流信息进行查看
参与者	用户
前置条件	用户成功登录系统，并进入订单查看页面
后置条件	如果这个用例成功，系统跳转到物流查看页面
基本操作流程	1. 用户在查看订单页面单击"查看物流"按钮 2. 系统跳转到物流页面
可选操作流程	无

表 10-17　搜索商品用例说明

描　述　项	说　明
用例	搜索商品
用例描述	用户在系统页面搜索想要购买的商品
参与者	用户
前置条件	无

（续）

描 述 项	说 明
后置条件	如果这个用例成功，系统跳转到搜索商品页面
基本操作流程	1. 用户在搜索栏输入商品名称 2. 系统跳转到商品搜索列表页面
可选操作流程	搜索商品不存在时，系统提示未找到该商品

表 10-18　分类浏览用例说明

描 述 项	说 明
用例	分类浏览
用例描述	用户分类浏览商品
参与者	用户
前置条件	无
后置条件	如果这个用例成功，系统跳转到用户选择的商品分类列表
基本操作流程	1. 用户选择首页左侧的生鲜分类 2. 系统跳转到用户选择的生鲜分类
可选操作流程	无

表 10-19　查看商品详情用例说明

描 述 项	说 明
用例	查看商品详情
用例描述	用户查看商品详情
参与者	用户
前置条件	无
后置条件	如果这个用例成功，系统跳转到用户指定商品的详情页面
基本操作流程	1. 用户单击想查看的商品名称 2. 系统跳转商品详情页面
可选操作流程	无

表 10-20　加入购物车用例说明

描 述 项	说 明
用例	加入购物车
用例描述	用户将想要购买的商品加入购物车
参与者	用户
前置条件	用户成功登录系统，并进入商品详情页面
后置条件	如果这个用例成功，购物车中添加用户选中的商品
基本操作流程	1. 用户单击"加入购物车"按钮 2. 商品加入购物车，系统给出提示信息
可选操作流程	无

表 10-21 查看购物车用例说明

描 述 项	说 明
用例	查看购物车
用例描述	用户查看购物车
参与者	用户
前置条件	用户成功登录系统
后置条件	如果这个用例成功，系统跳转到用户购物车页面
基本操作流程	1. 用户单击"我的购物车"按钮 2. 系统跳转到购物车页面
可选操作流程	无
被泛化用例	无
被包含用例	提交订单，删除购物车商品
被扩展用例	无

表 10-22 提交订单用例说明

描 述 项	说 明
用例	提交订单
用例描述	用户提交购物车中的订单
参与者	用户
前置条件	用户成功登录系统，并且进入购物车页面
后置条件	如果这个用例成功，系统将用户订单提交并转到付款页面
基本操作流程	1. 用户单击"去结算"按钮 2. 系统跳转付款页面
可选操作流程	无

表 10-23 付款用例说明

描 述 项	说 明
用例	付款
用例描述	用户提交订单后付款
参与者	用户
前置条件	用户成功登录系统，并且进入购物车页面
后置条件	如果这个用例成功，系统将用户订单提交并转到付款页面
基本操作流程	1. 用户单击"去结算"按钮 2. 系统跳转订单确定页面 3. 用户选择支付方式 4. 用户进行付款
可选操作流程	无

表 10-24　选择收货地址用例说明

描　述　项	说　　明
用例	选择收货地址
用例描述	用户选择商品送达地址
参与者	用户
前置条件	用户成功登录系统，并且进入购物车页面
后置条件	如果这个用例成功，系统将用户订单提交并转到付款页面
基本操作流程	1. 用户单击"去结算"按钮 2. 系统跳转订单确定页面 3. 用户从地址列表中选择收货地址 4. 单击"确认"按钮，确定收货地址
可选操作流程	1. 用户单击"添加地址"收货 2. 系统跳转到用户中心的收货地址页面 3. 用户根据提示添加地址

表 10-25　订单管理用例说明

描　述　项	说　　明
用例	订单管理
用例描述	用户进入订单列表页面，对订单进行管理
参与者	用户
前置条件	用户成功登录系统
后置条件	如果这个用例成功，系统跳转到已订单列表页面
基本操作流程	1. 用户单击"我的订单"按钮 2. 系统跳转到订单列表页面
可选操作流程	无

表 10-26　删除购物车商品用例说明

描　述　项	说　　明
用例	删除购物车商品
用例描述	用户删除购物车中的商品
参与者	用户
前置条件	用户成功登录系统，并且进入购物车页面
后置条件	如果这个用例成功，用户在购物车中选中的商品将被删除
基本操作流程	1. 用户选择要删除的商品 2. 用户单击"删除"按钮 3. 用户单击"确认"按钮
可选操作流程	1. 用户单击"清空购物车"按钮 2. 用户单击"确认"按钮

表 10-27　账户管理用例说明

描 述 项	说 明
用例	订单管理
用例描述	用户进入个人中心页面,对账户进行管理
参与者	用户
前置条件	用户成功登录系统
后置条件	如果这个用例成功,系统跳转到个人中心页面
基本操作流程	1. 用户单击"我的头像"按钮 2. 用户单击"个人中心"按钮 3. 页面跳转到个人中心页面
可选操作流程	无

表 10-28　商品购买用例说明

描 述 项	说 明
用例	商品购买
用例描述	用户对选定商品进行购买
参与者	用户
前置条件	用户成功登录系统,并且进入购物车页面
后置条件	如果这个用例成功,系统跳转至付款页面
基本操作流程	1. 用户选定购买的商品 2. 单击"购买"按钮 3. 页面跳转至订单详情确认页面 4. 用户单击"去付款"按钮 5. 页面跳转至付款页面
可选操作流程	无

10.2.2　功能模块划分

"天天生鲜"生鲜购物平台按照商品浏览、用户管理、购物车管理和订单管理划分了功能模块,具体的模块如图 10-14 所示。

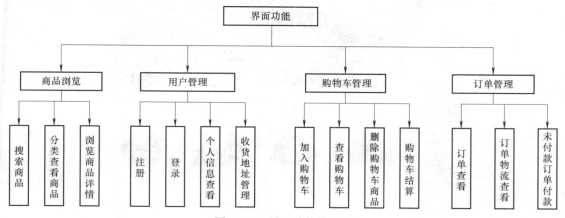

图 10-14　界面功能模块图

（1）商品浏览：该功能模块包括用户搜索商品、分类查看商品以及浏览商品详细信息等功能。该模块涵盖了整体的商品展示功能，从列表到单个商品的展示。

（2）用户管理：该模块包括注册、登录、个人信息查看和收货地址管理功能，其中收货地址管理包含了修改收货地址和添加收货地址功能。用户管理模块涵盖了用户个人信息管理的相关功能。

（3）购物车管理：该模块包括加入购物车、查看购物车、删除购物车商品和购物车结算功能，其中购物车结算包含了整个购物平台的订单提交功能。

（4）订单管理：该模块包括订单查看、订单物流查看和未付款订单付款功能，涵盖了用户提交订单后的后续功能。

生成功能模块图后，页面的设计将根据功能模块来逐一实现，最后达到实现整个页面的目的。

10.2.3　界面结构

"天天生鲜"生鲜购物平台的布局与目前大多数电商购物平台布局相似，导航栏部分包括了品牌 Logo、搜索栏、登录、注册、用户中心、订单查看和购物车查看；分类导航栏将生鲜进行分类，便于用户选择；图片推荐部分展示商家生鲜图片，用户单击直接进入商品详情；商品列表部分直接对商品进行展示。页面布局如图 10-15 所示。

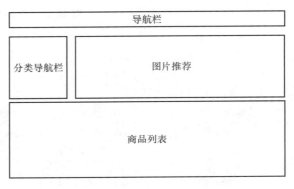

图 10-15　界面布局图

10.2.4　界面实现

生鲜购物平台的界面实现采用了 HTML + CSS + JavaScript 的传统 Web 前端方式，具体实现的效果如图 10-16 ~ 图 10-24 所示。

图 10-16　首页的实现效果

图 10-17　登录页面的实现效果

图 10-18　注册页面的实现效果

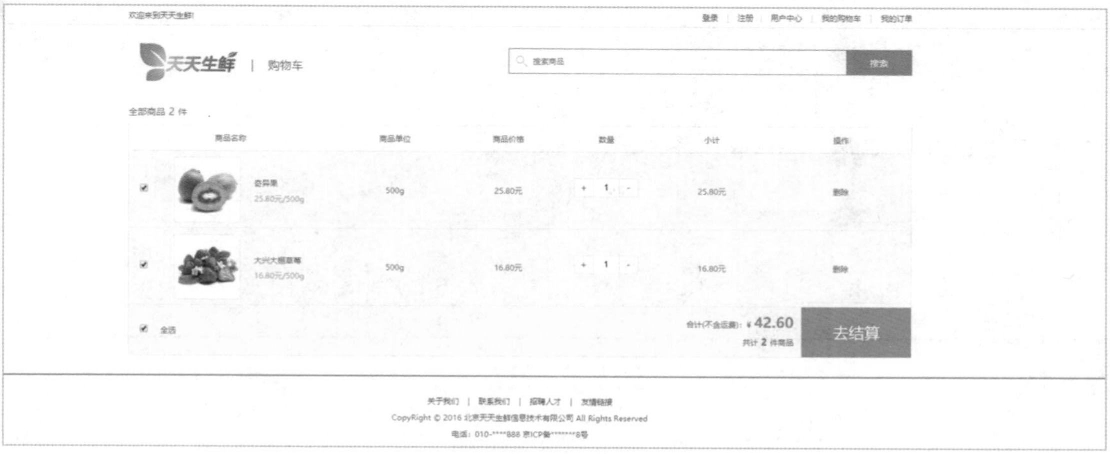

图 10-19　购物车页面的实现效果

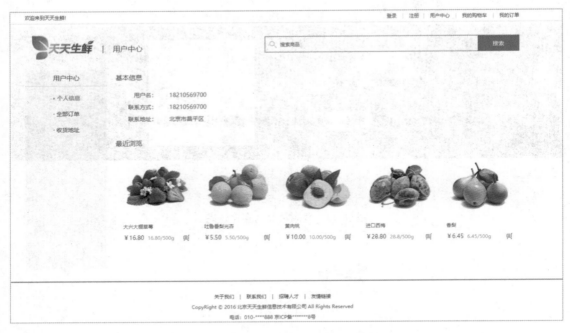

图 10-20　个人信息页面的实现效果

图 10-21　订单页面 a 的实现效果

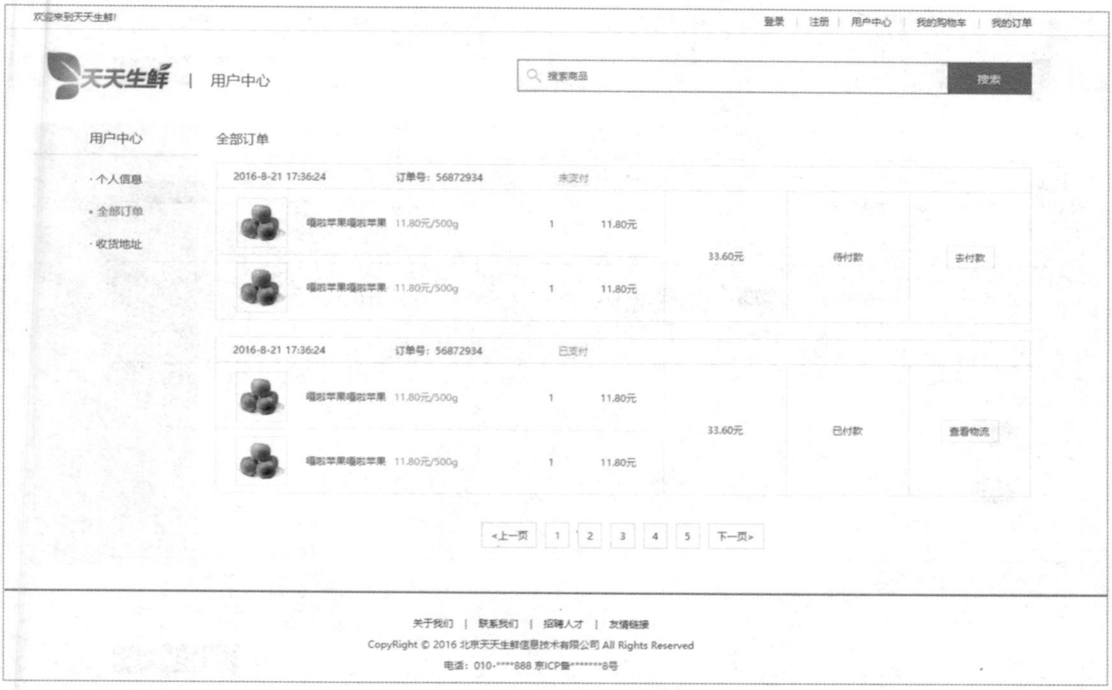

图 10-22　订单页面 b 的实现效果

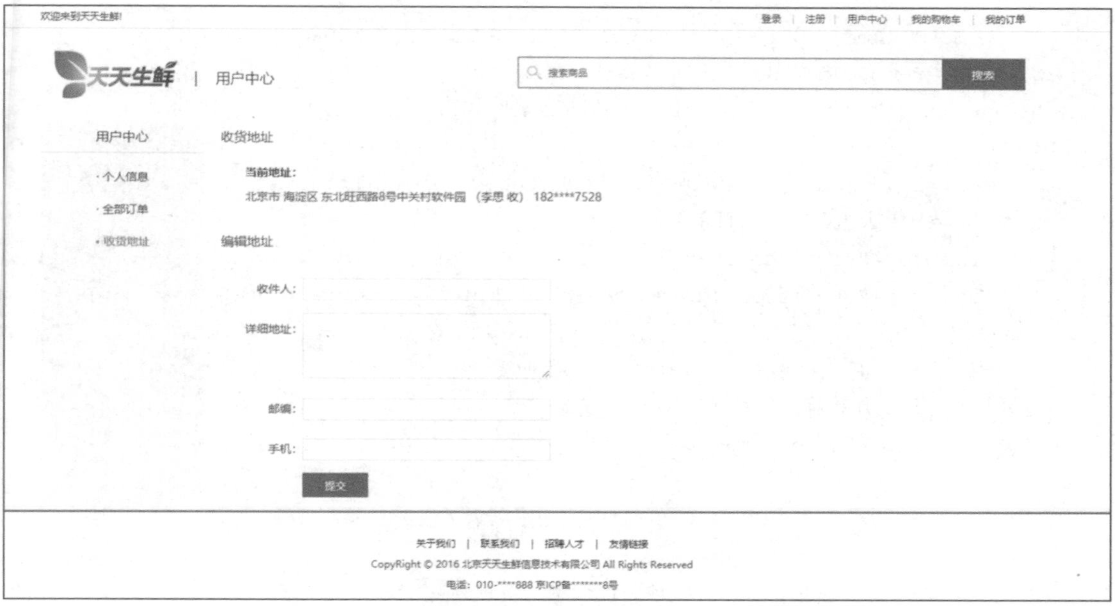

图 10-23　收货地址编辑页面的实现效果

　　限于页面篇幅，本实例的实现代码仅给出提交订单页面作为实例，交互部分给出了注册实例。在首页的实现代码中，<！－－…．－－>是注释内容，为代码的解释部分。

　　平台整体结构的布局与首页是一致的，根据提交订单的功能，展现该部分的表单内容。提交订单页面的实现代码，见下面的代码详细展示部分。

图 10-24　提交订单页面

```
<! DOCTYPE html PUBLIC " - //W3C//DTD XHTML 1.0 Transitional//EN " " http://
www. w3. org/TR/xhtml1/DTD/xhtml1 - transitional. dtd" >
<html xmlns = "http://www. w3. org/1999/xhtml" xml:lang = "en" >
<head >
    <meta http - equiv = "Content - Type" content = "text/html;charset = UTF - 8" >
    <title >天天生鲜 - 提交订单</title >
    <link rel = "stylesheet" type = "text/css" href = "css/reset. css" >
    <link rel = "stylesheet" type = "text/css" href = "css/main. css" >
</head >
<body >
    <! - -最上方导航栏的实现 - - >
    <div class = "header_con" >
        <div class = "header" >
            <div class = "welcome fl" >欢迎来到天天生鲜！</div >
            <div class = "fr" >
                <div class = "login_info fl" >
                    欢迎您：<em >张山</em >
                </div >
                <div class = "login_btn fl" >
                    <a href = "login. html" >登录</a >
                    <span >|</span >
                    <a href = "register. html" >注册</a >
```

```
                    </div>
                    <div class = "user_link fl" >
                        <span > |</span >
                        <a href = "user_center_info. html" >用户中心 </a >
                        <span > |</span >
                        <a href = "cart. html" >我的购物车 </a >
                    <span > |</span >
                        <a href = "user_center_order. html" >我的订单 </a >
                </div >
            </div >
        </div >
    </div >
<! - -LOGO,搜索框的实现 - - >
<div class = "search_barclearfix" >
    <a href = "index. html" class = "logo fl" > <img src = "images/logo. png" > </a >
    <div class = "sub_page_name fl" > |       提交订单 </div >
    <div class = "search_con fr" >
        <input type = "text" class = "input_text fl" name = "" placeholder = "搜索商品" >
        <input type = "button" class = "input_btn fr" name = "" value = "搜索" >
    </div >
</div >
<! - -收货地址部分实现 - - >
<h3 class = "common_title" >确认收货地址 </h3 >


<div class = "common_list_conclearfix" >
    <dl >
        <dt >寄送到: </dt >
        <dd > <input type = "radio" name = "" checked = "" >北京市海淀区东北旺西路 8 号中
关村软件园(李思收) 182 * * * *7528 </dd >
    </dl >
    <a href = "user_center_site. html" class = "edit_site" >编辑收货地址 </a >


</div >
<! - -支付方式选择实现 - - >
<h3 class = "common_title" >支付方式 </h3 >
<div class = "common_list_conclearfix" >
    <div class = "pay_style_con clearfix" >
        <input type = "radio" name = "pay_style" checked >
        <label class = "cash" >货到付款 </label >
        <input type = "radio" name = "pay_style" >
        <label class = "weixin" >微信支付 </label >
        <input type = "radio" name = "pay_style" >
        <label class = "zhifubao" > </label >
```

```
          < input type = "radio" name = "pay_style" >
          < label class = "bank" > 银行卡支付 < /label >
      < /div >
  < /div >
  <! - -商品列表、金额结算实现 - - >
  < h3 class = "common_title" > 商品列表 < /h3 >

  < div class = "common_list_conclearfix" >
      < ul class = "goods_list_th clearfix" >
          < li class = "col01" > 商品名称 < /li >
          < li class = "col02" > 商品单位 < /li >
          < li class = "col03" > 商品价格 < /li >
          < li class = "col04" > 数量 < /li >
          < li class = "col05" > 小计 < /li >
      < /ul >
      < ul class = "goods_list_td clearfix" >
          < li class = "col01" > 1 < /li >
          < li class = "col02" > < img src = "images/goods/goods012. jpg" > < /li >
          < li class = "col03" > 奇异果 < /li >
          < li class = "col04" > 500g < /li >
          < li class = "col05" > 25. 80 元 < /li >
          < li class = "col06" > 1 < /li >
          < li class = "col07" > 25. 80 元 < /li >
      < /ul >
      < ul class = "goods_list_td clearfix" >
          < li class = "col01" > 2 < /li >
          < li class = "col02" > < img src = "images/goods/goods003. jpg" > < /li >
          < li class = "col03" > 大兴大棚草莓 < /li >
          < li class = "col04" > 500g < /li >
          < li class = "col05" > 16. 80 元 < /li >
          < li class = "col06" > 1 < /li >
          < li class = "col07" > 16. 80 元 < /li >
      < /ul >
  < /div >

  < h3 class = "common_title" > 总金额结算 < /h3 >

  < div class = "common_list_conclearfix" >
      < div class = "settle_con" >
          < div class = "total_goods_count" > 共 < em > 2 < /em > 件商品, 总金额 < b > 42. 60 元
< /b > < /div >
          < div class = "transit" > 运费: < b > 10 元 < /b > < /div >
          < div class = "total_pay" > 实付款: < b > 52. 60 元 < /b > < /div >
```

```
</div>
</div>
<!--提交按钮-->
<div class="order_submitclearfix">
    <a href="javascript:;" id="order_btn">提交订单</a>
</div>
<!--底部信息-->
<div class="footer">
    <div class="foot_link">
        <a href="#">关于我们</a>
        <span>|</span>
        <a href="#">联系我们</a>
        <span>|</span>
        <a href="#">招聘人才</a>
        <span>|</span>
        <a href="#">友情链接</a>
    </div>
    <p>CopyRight © 2016 北京天天生鲜信息技术有限公司 All Rights Reserved</p>
    <p>电话:010-****888    京 ICP 备*******8号</p>
</div>

<div class="popup_con">
    <div class="popup">
        <p>订单提交成功!</p>
    </div>

    <div class="mask"></div>
</div>
<script type="text/javascript" src="js/jquery-1.12.2.js"></script>
<script type="text/javascript">
    $('#order_btn').click(function() {
        localStorage.setItem('order_finish',2);

        $('.popup_con').fadeIn('fast', function() {

            setTimeout(function(){
                $('.popup_con').fadeOut('fast',function(){
                    window.location.href = 'index.html';
                });
            },3000)

        });
    });
```

```
    </script>
</body>
</html>
```

10.3 团购 App 界面

本案例的团购 App 界面主要仿照拉手网做了一个安卓移动端应用，为用户提供指定城市的团购信息，让用户可以根据分类购买团购商品。

10.3.1 需求分析和建模

团购 App 的总体需求与一般购物网站或 App 一致，分为账户管理、订单管理和商品购买，总体需求用例如图 10-25 所示。

在总体需求基础上，界面的主要用例在用户功能部分，将账户管理、订单管理和商品购买三个用例进行展开，包括了登录、注册、查看个人信息、查看订单、加入购物车、提交订单等主要用例，详细需求用例如图 10-26 所示。

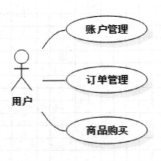

图 10-25　总体需求用例图

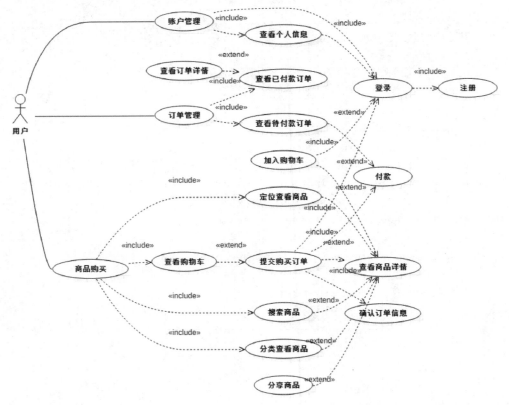

图 10-26　详细需求用例图

每个用例的详细说明如表 10-29~表 10-44 所示。

表 10-29　登录用例说明

描　述　项	说　　明
用例	登录
用例描述	用户填写用户名和密码，登录到系统中
参与者	用户
前置条件	用户账户已经注册成功，并且进入登录界面
后置条件	如果这个用例成功，系统跳转到已登录页面
基本操作流程	1. 用户输入电话号码，单击"获取验证码"按钮 2. 用户输入验证码 3. 单击"登录"按钮
可选操作流程	1. 用户选择微信、微博等第三方登录 2. 用户选择填入账户密码登录

表 10-30　注册用例说明

描　述　项	说　　明
用例	注册
用例描述	游客注册成为团购系统用户
参与者	游客
前置条件	用户进入注册界面
后置条件	如果这个用例成功，注册信息加入系统数据库
基本操作流程	1. 用户输入手机号，单击"获取验证码"按钮 2. 用户输入验证码信息 3. 用户输入密码 4. 用户再次输入确认密码 5. 单击"注册"按钮
可选操作流程	输入内容不合法时，系统提示错误

表 10-31　查看个人信息用例说明

描　述　项	说　　明
用例	查看个人信息
用例描述	用户在用户中心查看个人信息
参与者	用户
前置条件	用户成功登录到系统中
后置条件	如果这个用例成功，系统跳转至用户中心页面
基本操作流程	1. 用户单击下方导航栏的"我的"图标 2. 系统跳转到用户中心页面
可选操作流程	无

表 10-32 查看已付款订单用例说明

描 述 项	说 明
用例	查看已付款订单
用例描述	用户在查看已付款的团购订单
参与者	用户
前置条件	进入个人管理页面
后置条件	如果这个用例成功，系统跳转到已付款订单列表页面
基本操作流程	1. 用户单击"已付款" 2. 系统跳转到已付款订单列表界面
可选操作流程	无

表 10-33 查看未付款订单用例说明

描 述 项	说 明
用例	查看未付款订单
用例描述	用户查看未付款的团购订单
参与者	用户
前置条件	进入个人管理界面
后置条件	如果这个用例成功，系统跳转到未付款订单列表
基本操作流程	1. 用户单击"未付款" 2. 系统跳转到未付款订单列表界面
可选操作流程	无

表 10-34 查看订单详情用例说明

描 述 项	说 明
用例	查看订单详情
用例描述	用户查看订单详情
参与者	用户
前置条件	订单已付款，进入已付款订单列表
后置条件	如果这个用例成功，系统跳转到订单详情界面
基本操作流程	1. 用户单击"查看" 2. 系统跳转到订单详情页面
可选操作流程	无

表 10-35 付款用例说明

描 述 项	说 明
用例	付款
用例描述	用户为订单付款
参与者	用户
前置条件	订单已提交，进入付款页面
后置条件	如果这个用例成功，提交的订单从未付款状态变为已付款状态
基本操作流程	1. 用户选择付款方式 2. 用户单击"确认"按钮，付款
可选操作流程	无

表 10-36　定位查看商品用例说明

描　述　项	说　明
用例	定位查看商品
用例描述	用户查看附近商品
参与者	用户
前置条件	无
后置条件	如果这个用例成功，系统展示出附近商品列表
基本操作流程	1. 用户单击下方导航栏的"周边" 2. 用户选择城市 3. 用户选择要查看商品的类别 4. 用户单击"查看" 5. 系统跳转到商品列表
可选操作流程	无

表 10-37　搜索商品用例说明

描　述　项	说　明
用例	搜索商品
用例描述	用户搜索商品
参与者	用户
前置条件	城市定位完成
后置条件	如果这个用例成功，系统展示与搜索和关键词有关的商品列表
基本操作流程	1. 用户输入搜索关键词 2. 系统跳转到与搜索关键词有关的商品列表界面
可选操作流程	无

表 10-38　分类查看商品用例说明

描　述　项	说　明
用例	分类查看商品
用例描述	用户分类分别查看商品
参与者	用户
前置条件	城市定位完成
后置条件	如果这个用例成功，系统展示用户选择类别的商品列表
基本操作流程	1. 用户单击首页显示的商品分类 2. 系统跳转到该类别的商品列表
可选操作流程	无

表 10-39　查看商品详情用例说明

描　述　项	说　明
用例	查看商品详情
用例描述	用户查看商品详情
参与者	用户
前置条件	进入商品列表界面
后置条件	如果这个用例成功，系统跳转到商品详情界面
基本操作流程	1. 用户单击商品名称或图片 2. 系统跳转到商品详情界面
可选操作流程	无

表 10-40 查看购物车用例说明

描 述 项	说 明
用例	查看购物车
用例描述	用户查看购物车
参与者	用户
前置条件	进入个人管理界面
后置条件	如果这个用例成功，系统跳转到购物车界面
基本操作流程	1. 用户单击"购物车" 2. 系统跳转到购物车界面
可选操作流程	无

表 10-41 提交购买订单用例说明

描 述 项	说 明
用例	提交购买订单
用例描述	用户在购物车或商品详细信息界面提交购买订单
参与者	用户
前置条件	进入购物车页面或商品详情页面
后置条件	如果这个用例成功，系统跳转到确认订单界面
基本操作流程	1. 用户单击"购买" 2. 系统跳转到确认订单界面
可选操作流程	无

表 10-42 加入购物车用例说明

描 述 项	说 明
用例	加入购物车
用例描述	用户将商品加入购物车
参与者	用户
前置条件	用户成功登入系统，并进入商品详情界面
后置条件	如果这个用例成功，系统购物车添加该商品
基本操作流程	1. 用户单击"加入购物车" 2. 系统提示用户加入购物车成功
可选操作流程	无

表 10-43 确认订单信息用例说明

描 述 项	说 明
用例	确认订单信息
用例描述	用户确认订单信息
参与者	用户
前置条件	用户成功登入系统，并进入到订单确认页面
后置条件	如果这个用例成功，系统提交订单到数据库
基本操作流程	1. 用户查看订单详情 2. 单击"确认"按钮提交订单
可选操作流程	无

表 10-44 分享商品用例说明

描 述 项	说 明
用例	分享商品
用例描述	用户给好友分享商品链接
参与者	用户
前置条件	进入到商品详情页面
后置条件	如果这个用例成功，系统发送链接到指定分享用户
基本操作流程	1. 用户单击"分享"按钮 2. 系统跳出好友列表 3. 用户选择要分享的好友 4. 系统发送商品链接至指定用户
可选操作流程	无

10.3.2 功能模块划分

团购 App 的功能类似上一节"天天生鲜"生鲜购物平台的功能，也按照商品浏览、用户管理、购物车管理和订单管理划分了功能模块，功能模块如图 10-27 所示。

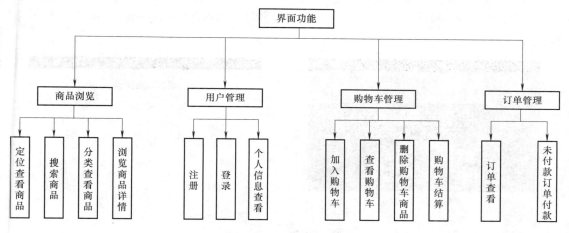

图 10-27 功能模块图

（1）商品浏览：该功能模块包括用户可以定位查看商品、搜索商品、分类查看商品以及浏览商品详细信息等功能。并且涵盖了整体的商品展示功能，包括从列表到单个商品的展示。

（2）用户管理：该功能模块包括注册、登录、个人信息查看功能，并涵盖了用户个人信息管理的相关功能。

（3）购物车管理：该功能模块包括加入购物车、查看购物车、删除购物车商品和购物车结算功能，其中购物车结算包括了整个平台的订单提交功能。

（4）订单管理：该功能模块包括订单查看和未付款订单付款功能，并涵盖了用户提交订单后的后续功能。

10.3.3 界面结构

团购 App 界面布局采用了九宫格和列表式相结合的布局方式，界面的跳转结构如

图 10-28 所示。

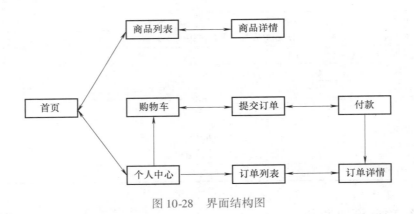

图 10-28　界面结构图

10.3.4　界面实现

　　界面的实现采用了开源的框架包，主要语言是 Java，虽然在导航栏中添加了财务管理和记录管理两个功能，但是目前仅实现了时间管理部分，具体的实现效果如图 10-29 ~ 图 10-36 所示。

图 10-29　首页

图 10-30　个人中心界面

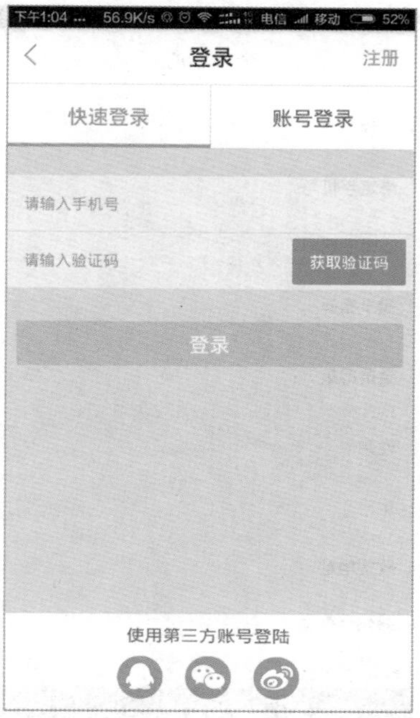

图 10-31 登录界面

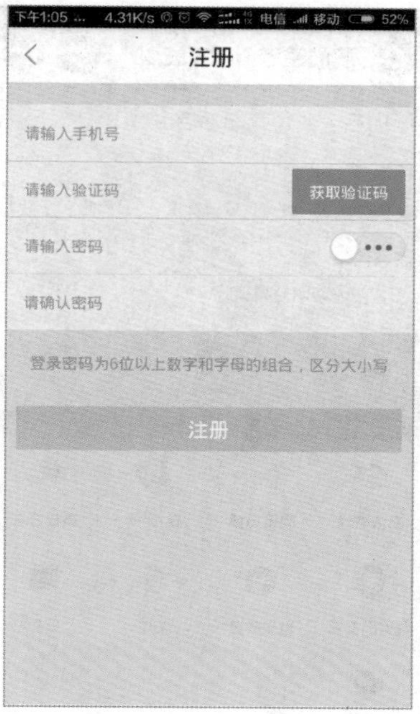

图 10-32 注册界面

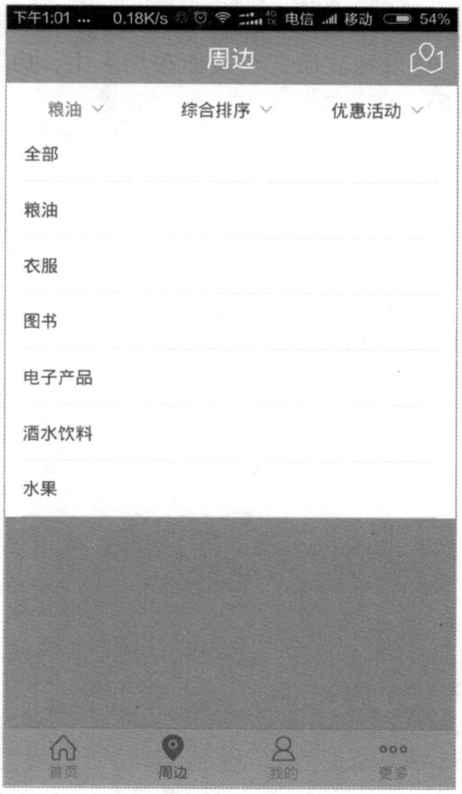

图 10-33 分类选择界面

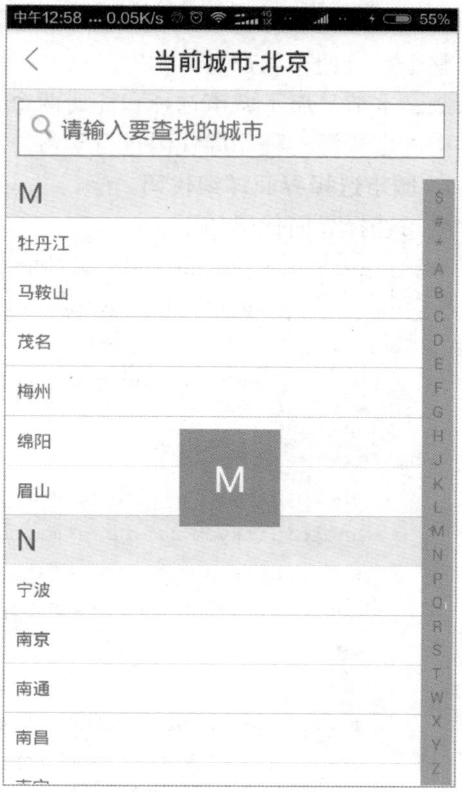

图 10-34 城市选择界面

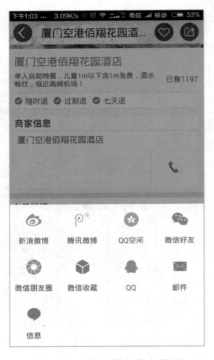

图 10-35　商品信息分享界面　　　　图 10-36　个人信息编辑界面

　　整个系统的布局都是 XML 文件，以城市选择、登录和注册三个页面布局为主，由于篇幅限制，本节只展示城市选择和注册两个页面的代码，登录界面的详细代码，读者可自行下载本书配套资源的程序源代码进行学习。

1. 城市选择界面详细代码

城市选择界面代码如下。

```xml
<RelativeLayout xmlns:android = "http://schemas. android. com/apk/res/android"
        android:layout_width = "match_parent"
        android:layout_height = "match_parent"
        android:background = "@ color/city_item_bg" >


<EditText
        android:id = "@ + id/city_et_search"
        android:layout_width = "match_parent"
        android:layout_height = "wrap_content"
        android:layout_margin = "10dp"
        android:padding = "10dp"
        android:drawableLeft = "@ drawable/wb_search_icon"
        android:drawablePadding = "5dp"
        android:hint = "@ string/input_city_to_search"
        android:background = "@ drawable/edittext_selector"/ >
```

```xml
< RelativeLayout
        android:id = "@ + id/city_fra_content_layout"
        android:layout_width = "match_parent"
        android:layout_height = "wrap_content"
        android:layout_below = "@ + id/city_et_search" >

< android. support. v7. widget. RecyclerView
            android:id = "@ + id/city_rv_city_list"
            android:layout_width = "match_parent"
            android:layout_height = "match_parent"
            android:layout_toLeftOf = "@ + id/city_sidebar"/ >

< TextView
            android:id = "@ + id/city_tv_show"
            android:layout_width = "80dp"
            android:layout_height = "80dp"
            android:layout_centerInParent = "true"
            android:background = "@ android:color/darker_gray"
            android:gravity = "center"
            android:textColor = "#ffffffff"
            android:textSize = "30dp"
            android:visibility = "gone" / >

< android. support. v7. widget. RecyclerView
            android:id = "@ + id/city_rv_search_result"
            android:layout_width = "match_parent"
            android:layout_height = "match_parent"
            android:layout_toLeftOf = "@ + id/city_sidebar"
            android:visibility = "gone"/ >

< TextView
            android:id = "@ + id/city_tv_no_result"
            android:layout_width = "wrap_content"
            android:layout_height = "wrap_content"
            android:layout_centerInParent = "true"
            android:text = "@ string/not_find_city"
            android:visibility = "gone"/ >

< com. myxh. coolshopping. ui. widget. SidebarView
            android:id = "@ + id/city_sidebar"
            android:layout_width = "25dp"
            android:layout_height = "match_parent"
            android:layout_alignParentRight = "true"
```

```
                    android:layout_marginRight = "2dp"
                    android:layout_marginTop = "7dp" / >
</RelativeLayout >


</RelativeLayout >
```

2. 注册界面详细代码

注册界面的布局代码如下。

```
<? xml version = "1.0" encoding = "utf - 8"? >
< LinearLayout
xmlns:android = "http://schemas. android. com/apk/res/android"
xmlns:tools = "http://schemas. android. com/tools"
    android:layout_width = "match_parent"
    android:layout_height = "match_parent"
    android:orientation = "vertical"
    android:background = "@ color/bg_common_gray"
    tools:context = "com. myxh. coolshopping. ui. activity. RegisterActivity" >


< RelativeLayout
        android:layout_width = "match_parent"
        android:layout_height = "@ dimen/common_titleBar_height"
        android:background = "@ color/title_bar_color" >
< ImageView
            android:id = "@ + id/register_titleBar_iv_back"
            style = "@ style/common_left_back_imageView_style"/ >
< TextView
            style = "@ style/base_textView_style"
            android:layout_centerInParent = "true"
            android:gravity = "center_vertical"
            android:text = "@ string/login_titleBar_register"
            android:textSize = "@ dimen/login_titleBar_login_size"
            android:textColor = "@ color/textColor_32"/ >
</RelativeLayout >


< ScrollView
        android:layout_width = "match_parent"
        android:layout_height = "wrap_content"
        android:scrollbars = "none" >


< LinearLayout
            android:layout_width = "match_parent"
            android:layout_height = "wrap_content"
            android:layout_marginTop = "@ dimen/register_content_layout_marginTop"
            android:background = "@ color/app_white"
```

```
                android:orientation = "vertical" >
< RelativeLayout
                android:layout_width = "match_parent"
                android:layout_height = "wrap_content" >
< EditText
                    android:id = "@ + id/register_et_phoneNumber"
                    style = "@ style/login_editText_style"
                    android:inputType = "number"
                    android:maxLength = "11"
                    android:hint = "@ string/login_input_phoneNumber_hint"/ >
< ImageView
                    android:id = "@ + id/register_iv_clear_phoneNumber"
                    style = "@ style/common_clear_input_imageView_style"
                    android:visibility = "gone"/ >
< /RelativeLayout >
< View
                style = "@ style/me_horizontal_view_style"/ >
< RelativeLayout
                android:layout_width = "match_parent"
                android:layout_height = "wrap_content" >
< EditText
                    android:id = "@ + id/register_et_code"
                    style = "@ style/login_editText_style"
                    android:hint = "@ string/login_input_check_code_hint"
                    android:inputType = "number"
                    android:maxLength = "6"/ >
< Button
                    android:id = "@ + id/register_btn_getCode"
                    style = "@ style/login_btn_getCode_style"/ >
< ImageView
                    android:id = "@ + id/register_iv_clear_code"
                    android:layout_toLeftOf = "@ + id/register_btn_getCode"
                    android:layout_alignParentRight = "false"
                    style = "@ style/common_clear_input_imageView_style"
                    android:visibility = "gone"/ >
< /RelativeLayout >
< View
                style = "@ style/me_horizontal_view_style"/ >
< RelativeLayout
                android:layout_width = "match_parent"
                android:layout_height = "wrap_content" >
< EditText
                    android:id = "@ + id/register_et_password"
```

```xml
                    style = "@ style/login_editText_style"
                    android:inputType = "textPassword"
                    android:hint = "@ string/login_input_password_hint"/ >
    < CheckBox
                    android:id = "@ +id/register_password_checkBox"
                    style = "@ style/login_checkBox_style"/ >
    < ImageView
                    android:id = "@ +id/register_iv_clear_password"
                    android:layout_toLeftOf = "@ +id/register_password_checkBox"
                    android:layout_alignParentRight = "false"
                    android:visibility = "gone"
                    style = "@ style/common_clear_input_imageView_style"/ >
    </RelativeLayout >
    < View
                    style = "@ style/me_horizontal_view_style"/ >
    < RelativeLayout
                    android:layout_width = "match_parent"
                    android:layout_height = "wrap_content" >
    < EditText
                    android:id = "@ +id/register_et_repassword"
                    style = "@ style/login_editText_style"
                    android:inputType = "textPassword"
                    android:hint = "@ string/login_input_repassword_hint"/ >
    < ImageView
                    android:id = "@ +id/register_iv_clear_repassword"
                    android:visibility = "gone"
                    style = "@ style/common_clear_input_imageView_style"/ >
    </RelativeLayout >
    </LinearLayout >
    </ScrollView >


    < TextView
            android:layout_width = "match_parent"
            android:layout_height = "wrap_content"
            android:layout_marginTop = "@ dimen/register_bottom_tips_marginTop"
            android:layout_gravity = "center_horizontal"
            android:gravity = "center_horizontal"
            android:text = "@ string/register_tips"
            android:textColor = "@ color/gray01"/ >


    < Button
            android:id = "@ +id/register_btn_register"
```

```
style = "@ style/login_btn_style"
android:text = "@ string/login_titleBar_register"/>

</LinearLayout >
```

10.4 音乐播放器 PC 端界面

本案例的音乐播放器界面仿照网易云音乐 UI 风格，主要为用户提供一个音乐播放渠道，用户可以通过该平台选择音乐进行播放并查看评论等。

10.4.1 需求分析和建模

整个音乐播放器平台的总体需求分为用户账户管理、音乐资源管理和社交管理三个大的用例，总体需求的用例图如图 10-37 所示。

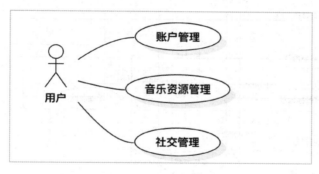

图 10-37　总体需求用例图

在总体需求基础上，界面的主要用例在用户功能部分，将账户管理、音乐资源管理和社交管理三个用例展开，包括了登录、注册、个人信息设置、音乐播放、音乐收藏、发布动态等主要用例，具体用例如图 10-38 所示。

每个用例的详细说明如表 10-45 ~ 表 10-61 所示。

表 10-45　登录用例说明

描　述　项	说　　　明
用例	登录
用例描述	用户填写用户名和密码登录到系统中
参与者	用户
前置条件	用户账户已经注册成功，并且进入登录界面
后置条件	如果这个用例成功，系统跳转到已登录页面
基本操作流程	1. 用户输入电话号码，单击"获取验证码"按钮 2. 用户输入验证码 3. 单击"登录"按钮
可选操作流程	1. 用户选择微信、微博等第三方登录 2. 用户选择填入账户密码登录

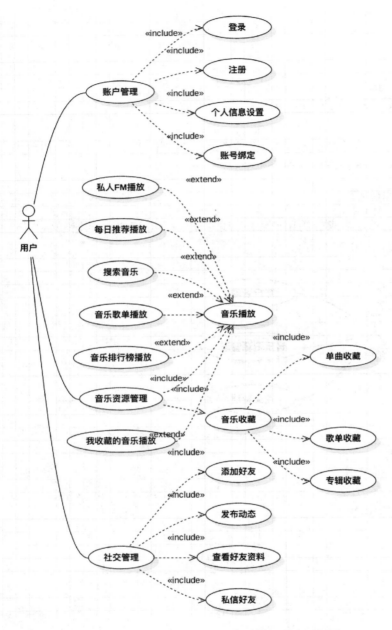

图 10-38　详细需求用例图

表 10-46　注册用例说明

描　述　项	说　　　明
用例	注册
用例描述	游客注册成为团购系统用户
参与者	游客
前置条件	用户进入注册界面

（续）

描　述　项	说　明
后置条件	如果这个用例成功，注册信息加入系统数据库
基本操作流程	1. 用户输入手机号，单击"获取验证码"按钮 2. 用户输入验证码信息 3. 用户输入密码 4. 用户再次输入确认密码 5. 单击"注册"按钮
可选操作流程	输入内容不合法时，系统提示错误

表 10-47　个人信息设置用例说明

描　述　项	说　明
用例	个人信息设置
用例描述	用户在用户中心设置个人信息
参与者	用户
前置条件	用户成功登录到系统中
后置条件	如果这个用例成功，系统跳转至用户中心页面
基本操作流程	1. 用户单击导航栏中的头像 2. 用户单击"个人信息设置" 3. 系统跳转到用户信息设置界面
可选操作流程	无

表 10-48　账号绑定用例说明

描　述　项	说　明
用例	账号绑定
用例描述	用户绑定自己的社交账号
参与者	用户
前置条件	用户成功登录到系统中
后置条件	如果这个用例成功，绑定社交账号成功
基本操作流程	1. 用户单击导航栏中的头像 2. 用户单击"绑定社交账号" 3. 系统跳转到绑定社交账号界面 4. 用户单击"绑定"
可选操作流程	无

表 10-49　私人 FM 播放用例说明

描　述　项	说　明
用例	私人 FM 播放
用例描述	用户播放私人 FM
参与者	用户

（续）

描 述 项	说 明
前置条件	用户进入主页面
后置条件	如果这个用例成功，系统播放私人 FM
基本操作流程	1. 用户单击"私人 FM" 2. 系统跳转至私人 FM 播放界面
可选操作流程	无

表 10-50　每日推荐播放用例说明

描 述 项	说 明
用例	每日推荐播放
用例描述	用户播放每日推荐歌曲
参与者	用户
前置条件	用户进入主页面
后置条件	如果这个用例成功，系统播放每日推荐歌曲
基本操作流程	1. 用户单击"每日推荐"选项 2. 系统跳转至每日推荐歌单歌曲列表 3. 用户选取歌曲 4. 系统播放歌曲
可选操作流程	无

表 10-51　搜索音乐用例说明

描 述 项	说 明
用例	搜索音乐
用例描述	用户搜索想要播放的音乐
参与者	用户
前置条件	用户进入主页面
后置条件	如果这个用例成功，系统展开搜索歌曲列表
基本操作流程	1. 用户在导航栏的搜索框中输入想要搜索的歌曲名、歌手等 2. 系统展开搜索列表
可选操作流程	无

表 10-52　音乐歌单播放用例说明

描 述 项	说 明
用例	音乐歌单播放
用例描述	用户播放音乐歌单中的歌曲
参与者	用户
前置条件	用户进入主页面
后置条件	如果这个用例成功，系统播放音乐歌单中歌曲

（续）

描 述 项	说 明
基本操作流程	1. 用户单击心仪的歌单 2. 系统跳转至歌单歌曲列表 3. 用户选取歌曲 4. 系统播放歌曲
可选操作流程	无

表 10-53　音乐排行榜播放用例说明

描 述 项	说 明
用例	音乐排行榜播放
用例描述	用户播放音乐排行榜中的歌曲
参与者	用户
前置条件	用户进入主页面
后置条件	如果这个用例成功，系统播放音乐排行榜中歌曲
基本操作流程	1. 用户单击"排行榜"选项 2. 系统跳转至排行榜歌曲列表 3. 用户选取歌曲 4. 系统播放歌曲
可选操作流程	无

表 10-54　单曲收藏用例说明

描 述 项	说 明
用例	单曲收藏
用例描述	用户收藏心仪的歌曲
参与者	用户
前置条件	进入音乐播放界面
后置条件	如果这个用例成功，单曲添加到"我喜欢的音乐"列表中
基本操作流程	1. 用户单击歌曲封面下方心形图标 2. 系统将歌曲加入用户"我喜欢的音乐"列表
可选操作流程	无

表 10-55　歌单收藏用例说明

描 述 项	说 明
用例	歌单收藏
用例描述	用户收藏心仪的歌单
参与者	用户
前置条件	进入歌单列表
后置条件	如果这个用例成功，歌单将添加到收藏歌单列表中
基本操作流程	1. 用户单击"收藏"选项 2. 系统将歌单加入用户收藏歌单列表
可选操作流程	无

表 10-56　专辑收藏用例说明

描　述　项	说　　明
用例	专辑收藏
用例描述	用户收藏心仪的专辑
参与者	用户
前置条件	进入专辑列表
后置条件	如果这个用例成功，歌单添加在创建的歌单列表中
基本操作流程	1. 用户单击"收藏"选项 2. 系统将歌单加入用户创建的歌单列表
可选操作流程	无

表 10-57　添加好友用例说明

描　述　项	说　　明
用例	添加好友
用例描述	用户添加好友
参与者	用户
前置条件	进入主界面
后置条件	如果这个用例成功，用户关注好友
基本操作流程	1. 用户在搜索列表中输入想要添加好友的名称 2. 系统跳转到搜索结果界面 3. 用户单击"关注"选项
可选操作流程	无

表 10-58　发布动态用例说明

描　述　项	说　　明
用例	发布动态
用例描述	用户发布音乐动态
参与者	用户
前置条件	进入音乐播放界面
后置条件	如果这个用例成功，用户发布一条音乐动态
基本操作流程	1. 用户单击"分享"按钮 2. 用户编辑动态文字并单击"分享"按钮
可选操作流程	无

表 10-59　查看好友资料用例说明

描　述　项	说　　明
用例	查看好友资料
用例描述	用户查看好友资料
参与者	用户

（续）

描　述　项	说　　明
前置条件	进入个人关注界面
后置条件	如果这个用例成功，系统跳转到好友资料界面
基本操作流程	1. 用户单击想要查看的好友头像 2. 系统跳转到好友资料界面
可选操作流程	无

表 10-60　私信好友用例说明

描　述　项	说　　明
用例	私信好友
用例描述	用户给好友发私信
参与者	用户
前置条件	进入个人关注界面
后置条件	如果这个用例成功，私信信息成功发送给好友
基本操作流程	1. 用户选择想要发送私信的好友，单击"私信"按钮 2. 系统跳转到发送私信界面 3. 用户编辑私信内容，单击"发送"按钮 4. 私信信息成功发送给好友
可选操作流程	无

表 10-61　我收藏的音乐播放用例说明

描　述　项	说　　明
用例	我收藏的音乐播放
用例描述	用户播放收藏夹中的音乐
参与者	用户
前置条件	用户成功登录到系统中
后置条件	如果这个用例成功，系统播放用户收藏夹中的音乐
基本操作流程	1. 用户单击"我的收藏"按钮 2. 用户单击"播放"按钮 3. 系统播放用户收藏夹中的音乐
可选操作流程	无

10.4.2　功能模块划分

音乐播放器平台按照账号、发现音乐、我的音乐和朋友划分了功能模块，具体的模块划分如图 10-39 所示。

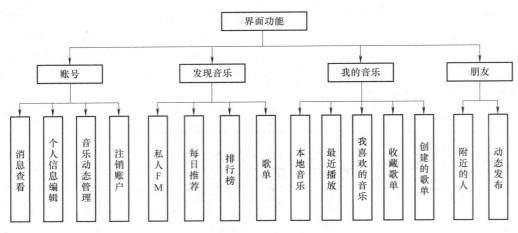

图 10-39　界面功能结构图

（1）账号：该功能模块包括消息查看、个人信息编辑、音乐动态管理和注销账户四个功能，并涵盖了所有关于个人账户的管理功能。

（2）发现音乐：该功能模块包括私人 FM、每日推荐、排行榜和歌单四个功能，主要是不同功能的发现音乐模式。

（3）我的音乐：该功能模块包括本地音乐、最近播放、我喜欢的音乐、收藏歌单和创建的歌单五个功能，主要涵盖了所有用户喜爱的相关音乐管理功能。

（4）朋友：该功能模块主要是社交功能，包括了附近的人和动态发布两个功能。

10.4.3　界面结构

本案例的音乐播放器的界面跳转结构如图 10-40 所示。

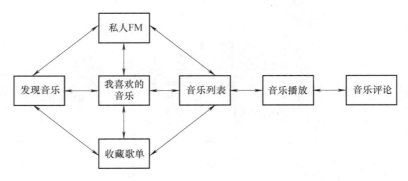

图 10-40　界面跳转结构图

10.4.4　界面实现

本案例音乐播放器界面实现的主要语言是 C#，具体的实现效果如图 10-41 和图10-42所示。

图 10-41　发现音乐界面

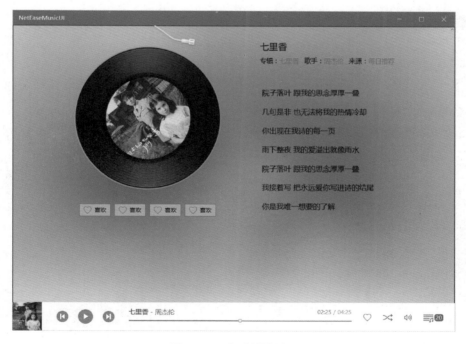

图 10-42　音乐播放界面

　　主界面具体实现代码如下。其他界面的详细代码，读者可自行下载本书配套资源的程序源代码进行学习。

```xml
< Pagexmlns = "http://schemas. microsoft. com/winfx/2006/xaml/presentation"
xmlns:x = "http://schemas. microsoft. com/winfx/2006/xaml"
xmlns:d = "http://schemas. microsoft. com/expression/blend/2008"
xmlns:mc = "http://schemas. openxmlformats. org/markup - compatibility/2006"
xmlns:zpc = "using:ZhangPeng. Controls"
xmlns:interactivity = "using:Microsoft. Xaml. Interactivity"
xmlns:core = "using:Microsoft. Xaml. Interactions. Core"
xmlns:Controls = "using:NetEaseMusicUI. Controls"
x:Class = "NetEaseMusicUI. MainPage"
mc:Ignorable = "d"
>
< Page. Resources >

< DataTemplatex:Key = "DataTemplate_MenuItem" >
< Grid >
<Controls:MenuItemd:LayoutOverrides = "Width, Height"MenuSource ="{Binding Mode =OneWay}"/ >
< /Grid >
< /DataTemplate >
< /Page. Resources >

< Page. DataContext >
< BindingPath = "Main"Source = "{StaticResource Locator}"/ >
< /Page. DataContext >

< Grid >
< Grid. RowDefinitions >
< RowDefinitionHeight = " * "/ >
< RowDefinitionHeight = "Auto"/ >
< /Grid. RowDefinitions >
< VisualStateManager. VisualStateGroups >
< VisualStateGroup >
< VisualStatex:Name = "WideState" >
< VisualState. StateTriggers >
```

```xml
<AdaptiveTrigger MinWindowWidth = "{StaticResource MediumWindowSnapPoint}" />
</VisualState.StateTriggers>
<VisualState.Setters>
<SetterTarget = "RootSplitView.DisplayMode" Value = "CompactInline" />
<SetterTarget = "RootSplitView.IsPaneOpen" Value = "True" />
<!-- <Setter Target = "myMusicFlag.Visibility" Value = "Collapsed" />
<Setter Target = "myMusicHeaderTB.Visibility" Value = "Visible" />
<Setter Target = "mymusicListView.Visibility" Value = "Visible" /> -->
</VisualState.Setters>
</VisualState>
<VisualState x:Name = "Narrow">
<VisualState.StateTriggers>
<AdaptiveTrigger MinWindowWidth = "{StaticResource MinWindowSnapPoint}" />
</VisualState.StateTriggers>
<VisualState.Setters>
<SetterTarget = "RootSplitView.DisplayMode" Value = "CompactOverlay" />
<SetterTarget = "RootSplitView.IsPaneOpen" Value = "False" />
<!-- <Setter Target = "myMusicFlag.Visibility" Value = "Visible" />
<Setter Target = "myMusicHeaderTB.Visibility" Value = "Collapsed" />
<Setter Target = "mymusicListView.Visibility" Value = "Collapsed" /> -->
</VisualState.Setters>
</VisualState>
<!-- <VisualState>
<VisualState.StateTriggers>
<AdaptiveTrigger MinWindowWidth = "{StaticResource MinWindowSnapPoint}" />
</VisualState.StateTriggers>
<VisualState.Setters>
<Setter Target = "RootSplitView.DisplayMode" Value = "Overlay" />
<Setter Target = "RootSplitView.IsPaneOpen" Value = "False" />
</VisualState.Setters>
</VisualState> -->
</VisualStateGroup>
<VisualStateGroup>
```

```xml
<VisualStatex:Name = "PaneOpenState">
<VisualState.StateTriggers>
<StateTriggerIsActive = "{BindingIsPaneOpen, ElementName = RootSplitView}" />
</VisualState.StateTriggers>
<VisualState.Setters>
<SetterTarget = "myMusicFlag.Visibility"Value = "Collapsed"/>
<SetterTarget = "myMusicHeaderTB.Visibility"Value = "Visible"/>
<SetterTarget = "mymusicListView.Visibility"Value = "Visible"/>
</VisualState.Setters>
</VisualState>
<VisualStatex:Name = "PaneClose">
<VisualState.StateTriggers>
<StateTriggerIsActive = "{BindingIsPaneOpen, Converter = {StaticResource InverseBool-
Converter}, ElementName = RootSplitView}" />
</VisualState.StateTriggers>
<VisualState.Setters>
<SetterTarget = "myMusicFlag.Visibility"Value = "Visible"/>
<SetterTarget = "myMusicHeaderTB.Visibility"Value = "Collapsed"/>
<SetterTarget = "mymusicListView.Visibility"Value = "Collapsed"/>
</VisualState.Setters>
</VisualState>
</VisualStateGroup>
</VisualStateManager.VisualStateGroups>
<SplitViewx:Name = "RootSplitView"
DisplayMode = "CompactInline"
    OpenPaneLength = "{StaticResource PaneOpenWidth}"IsPaneOpen = "True"CompactPane-
Length = "{StaticResource PaneCompactWidth}"Margin = "0,0,0,60">
<SplitView.Pane>
<Gridx:Name = "paneGrid"BorderThickness = "0,0,1,0">
<Grid.RowDefinitions>
<RowDefinitionHeight = " * "/>
<RowDefinitionHeight = "Auto"/>
</Grid.RowDefinitions>
```

```xml
<SolidColorBrushColor = "{StaticResource SideBackColor}"/>

</Grid.Background>

<ScrollViewerStyle = "{StaticResource ScrollViewerStyleX}"FontSize = "12"Margin = "0"
d:LayoutOverrides = "LeftPosition, RightPosition">

<ScrollViewer.Foreground>

<SolidColorBrushColor = "{StaticResource SubTextColor2}"/>

</ScrollViewer.Foreground>

<StackPanel>

<ToggleButtonMargin = "4,2,0,0"Background = "Transparent"
FontFamily = "{ThemeResource SymbolThemeFontFamily}"VerticalAlignment = "Stretch"
Style = "{StaticResource ToggleButtonStyle_Split}"Width = "40"Height = "40"Border-
rThickness = "0"IsChecked = "{Binding IsPaneOpen, ElementName = RootSplitView, Mode =
TwoWay}"Content = "&#xE700;"/>
<ListViewx:Name = "pagemenuListView"ItemsSource = "{Binding PageMenuItemList}"Item-
Template = "{StaticResource DataTemplate_MenuItem}"ItemContainerStyle = "{StaticRe-
source ListViewItemStyle_MenuItem}"/>

<ListViewItemx:Name = "myMusicFlag"Style = "{StaticResource ListViewItemStyle_Menu-
Item}">

<Controls:MenuItem/>

</ListViewItem>

<TextBlockx:Name = "myMusicHeaderTB"Text = "我的音乐"Margin = "12,12,0,6"/>

<ListViewx:Name = "mymusicListView"ItemTemplate = "{StaticResource DataTemplate_
MenuItem}"ItemsSource = "{Binding MyMusicMenuItemList}"ItemContainerStyle = "{Stati-
cResource ListViewItemStyle_MenuItem}"/>

</StackPanel>

</ScrollViewer>

<Controls:PaneMessagePanel Grid.Row = "1"BorderThickness = "0,1,0,0"IsWideMode = "
{Binding IsPaneOpen, ElementName = RootSplitView}"HorizontalAlignment = "Left">

<Controls:PaneMessagePanel.BorderBrush>

<SolidColorBrushColor = "{StaticResource BorderColor}"/>

</Controls:PaneMessagePanel.BorderBrush>

</Controls:PaneMessagePanel>

</Grid>

</SplitView.Pane>

<SplitView.Content>
```

```
< Framex:Name = "ContentFrame" >

< Frame. Background >

< SolidColorBrushColor = "{StaticResource MainBackColor}"/ >

< /Frame. Background >

< /Frame >

< /SplitView. Content >

< /SplitView >

< Controls:PlayBar Grid. Row = "0" Grid. RowSpan = "2" d:IsHidden = "True"/ >

    < /Grid >
```